PREMIERS ÉLÉMENS

D'ARITHMÉTIQUE,

SUIVIS

DE PROBLÈMES RAISONNÉS EN FORME D'ANECDOTES,

A l'usage de la jeunesse,

Par L. BENTZ,

DIRECTEUR DE L'ÉCOLE NORMALE DE TULLE,

Auteur des Tableaux de la langue latine,

ADOPTÉS

par le conseil royal de l'intruction publique.

QUATRIÈME ÉDITION,

Revue, corrigée, augmentée de questions, de tables d'addition, de soustraction et de multiplication, et adaptée à l'enseignement mutuel et à l'enseignement simultané.

Paris,

DELALAIN, libraire, rue des Mathurins;
POILLEUX, quai des Augustins;
MAIRE—NYON, libraire, quai Conti.
LYON.—GIBERTON et BRUN, libraires.
NANCY.—VIDART, libraire-éditeur.

1837.

V

31905

V

PREMIERS ÉLÉMENS

D'ARITHMÉTIQUE,

SUIVIS

DE PROBLÈMES RAISONNÉS EN FORME D'ANECDOTES,

A l'usage de la jeunesse,

Par L. BENTZ,

DIRECTEUR DE L'ÉCOLE NORMALE DE TULLE,

Auteur des Tableaux de la langue latine,

ADOPTÉS

par le conseil royal de l'intruction publique.

QUATRIÈME ÉDITION,

Revue, corrigée, augmentée de questions, de tables d'addition, de soustraction et de multiplication, et adaptée à l'enseignement mutuel et à l'enseignement simultané.

Paris,

DELALAIN, libraire, rue des Mathurins;
POILLEUX, quai des Augustins;
MAIRE-NYON, libraire, quai Conti.
LYON. — GIBERTON et BRUN, libraires.
NANCY. — VIDART, libraire-éditeur.

1837.

Les exemplaires qui ne seront pas revêtus
de ma griffe, seront regardés comme contre-
faits.

NANCY, IMPRIMERIE DE DARD.

PRÉFACE.

Ce petit ouvrage est principalement destiné à faciliter l'étude du système décimal et des premières opérations d'arithmétique.

Il comprend la numération, les quatre premières règles appliquées aux nombres incomplexes et aux nombres décimaux, les fractions, les quatre règles appliquées aux nombres complexes et quelques notions sur les règles de trois et de société : il est suivi d'exemples propres à exercer l'intelligence des enfans et à leur faire mettre en pratique les leçons de la première partie.

La division de ce petit traité en Sections, qui sont elles-mêmes subdivisées en Leçons, a paru la plus claire et la plus propre à faire saisir facilement les règles aux enfans.

On a fait suivre ces leçons d'*exercices* ou *questions* qui aident à la fois les élèves à comprendre la leçon, et les moniteurs et les maîtres à s'assurer si la leçon est bien comprise.

La première *Section* renferme quelques notions sur les caractères employés en arithmétique, sur la numération, les nombres décimaux et les dénominations données à l'unité dans le système métrique.

La deuxième *Section* enseigne les quatre opérations fondamentales de l'arithmétique, soit qu'on opère sur les nombres incomplexes ou sur les nombres décimaux : elle donne aussi la méthode de vérifier par la preuve l'exactitude de chaque opération.

Pour faciliter le travail des enfans, on a joint à cette nouvelle édition des *Tables* de chacune des quatre opérations de l'arithmétique.

La troisième *Section* fait connaître les subdivisions des différentes espèces d'unité, soit de l'ancien système, soit du système métrique ; elle enseigne la méthode de convertir, dans l'un et l'autre système, les unités d'espèce supérieure en unités d'espèce inférieure, et réciproquement.

La quatrième *Section* enseigne les fractions et les différentes opérations appliquées à ces sortes de nombres.

Dans la cinquième *Section*, on applique les quatre opérations de l'arithmétique aux nombres complexes.

Enfin, dans la sixième *Section*, on trouvera la manière de résoudre les règles de trois et de société, par l'analyse et par les proportions.

Les exemples qui suivent, en forme d'anecdotes, présentent en général des traits propres à inspirer au jeune âge des sentimens de morale et de religion.

PREMIERS ÉLÉMENS
D'ARITHMÉTIQUE.

Section première.

PREMIÈRE LEÇON.

DES CHIFFRES.

Les figures que nous appelons chiffres, et dont nous nous servons pour exprimer ou représenter les nombres, sont les dix suivantes, que nous plaçons dans l'ordre de leur valeur :

1, 2, 3, 4, 5, 6, 7, 8, 9, 0,

et s'énoncent ainsi, *un*, *deux*, *trois*, *quatre*, *cinq*, *six*, *sept*, *huit*, *neuf*, *zéro* ; ce dernier n'a aucune valeur attachée à sa figure ; on verra la manière de s'en servir dans la numération. Ces figures de chiffres nous sont venues des Arabes, c'est pourquoi on les appelle *chiffres arabes*.

Les anciens Romains se servaient d'autres figures pour écrire les nombres. C'étaient ces sept lettres de l'alphabet :

I, V, X, L, C, D, M.

La première signifie *un* ; la deuxième, *cinq* ; la troisième, *dix* ; la quatrième, *cinquante* ; la cinquième, *cent* ; la sixième, *cinq cents* ; et la septième *mille*.

Quand une de ces lettres de moindre valeur est mise devant une lettre de plus grande valeur, la valeur de la première doit être retranchée de celle de la seconde.

Ainsi la lettre I placée devant V fait, avec cette

lettre, *quatre;* au contraire, placée après, comme **VI**, elle signifie *six.* De même placée devant **X**, comme **IX**, cela fait *neuf;* et après, comme **XI**, cela fait *onze.*

La lettre **X** placée devant **L'**, exprime *quarante*, et mise après, comme **LX**, elle exprime *soixante.*

EXERCICES.

De quoi se sert-on pour exprimer ou représenter les nombres? —— Quelle est la valeur du zéro? — Pourquoi appelle-t-on ces figures chiffres arabes? — Les anciens Romains se servaient-ils des mêmes figures pour écrire les nombres? —— De quelles lettres se servaient les Romains pour écrire les nombres? — Quelle était la valeur de l'**I**, du **V**, de l'**M**, etc.? —— Comment, avec ces caractères, écrivait-on neuf, quarante, quatre-vingt-dix, cent, quatre, cinq cent cinquante?

DEUXIÈME LEÇON.

Un chiffre placé à gauche d'un autre chiffre représente des unités dix fois plus grandes que celles du chiffre qui est immédiatement à droite; il suit de là que chaque chiffre a deux valeurs, l'une attachée à sa figure, et invariable, qu'on nomme valeur absolue; l'autre, variable, dépend de la place qu'il occupe dans les nombres; on l'appelle valeur relative. Ainsi, un chiffre, à la première place à droite, représente des unités *simples;* à la seconde place, en allant vers la gauche, il représente des unités dix fois plus grandes, ou des dixaines; à la troisième, des unités dix fois plus grandes qu'à la seconde, et cent fois plus grandes qu'à la première; on les nomme centaines : par ex. : le chiffre 1, mis seul, exprime *un*, ou l'unité simple; quand il est mis à la seconde place de droite à gauche, comme

10 , il exprime *dix* ou une dixaine, par conséquent dix fois autant qu'à la première place ; s'il est mis à la troisième place, comme 100, il signifie *cent*, et par conséquent dix fois autant qu'à la seconde place. Dans le nombre 100, la valeur absolue du chiffre 1 est 1, sa valeur relative est une centaine ou 100, parce qu'il occupe le troisième rang à gauche ; en avançant vers la gauche, il exprimera toujours des unités dix fois plus grandes qu'à la place immédiatement à droite. Le chiffre 1, avancé à la quatrième place, fera dix fois cent, qu'on énonce par *mille ;* avancé à la cinquième, il fera *dix mille ;* à la sixième, il fera *cent mille ;* à la septième, il fera *dix-cent mille*, qu'on énonce par le seul mot *million ;* et en l'avançant davantage on obtient des billions, trillions, etc.

EXERCICES.

Quelle est la valeur d'un chiffre placé dans le second rang en allant vers la gauche ? —— Les chiffres n'ont-ils pas plusieurs valeurs ? —— Qu'est-ce que la valeur absolue d'un chiffre ? —— Qu'est-ce que la valeur relative d'un chiffre ? —— Donnez des exemples de la valeur absolue des chiffres 5, 7, 3 ; ensuite de leur valeur relative ? —— Comment se nomment les unités du second rang vers la gauche, du quatrième, du septième, etc. ?

TROISIÈME LEÇON.

DE LA NUMÉRATION.

L'arithmétique est la science des nombres : elle nous apprend comment il faut calculer pour obtenir un nombre inconnu qu'on veut trouver.

Calculer, c'est combiner les nombres, soit en

ajoutant l'un à l'autre , soit en retranchant l'un de l'autre.

Un nombre est un assemblage de choses de même espèce, ou de parties d'une chose. Chacune de ces choses est appelée *unité*.

Il y a , par conséquent, trois sortes de nombres.

Le nombre entier qui ne renferme que des unités entières ; ex. : 50 litres ; 36 fr., etc.

La fraction qui exprime une partie ou plusieurs parties égales de l'unité ; ex. : $\frac{1}{3}$ de livre ; $\frac{3}{5}$ d'aune , etc.

Le nombre fractionnaire qui exprime à la fois des unités entières et des parties d'unité ; ex. : 25 toises $\frac{2}{5}$, 8 mesures $\frac{3}{7}$.

La numération est l'art d'exprimer tous les nombres possibles par des chiffres et de les énoncer par des paroles ou des noms.

Pour énoncer facilement les nombres , il faut les partager en tranches de trois chiffres chacune (la dernière à gauche peut en avoir moins), en allant de droite à gauche ; ensuite il faut commencer à gauche à énoncer chaque tranche comme si elle était seule, et prononcer, après chacune, le nom qui est propre à son rang. Par exemple :

	Mille.			Unités.	
4	6	5.	5	4	5
Cent.	Dix.	Un.	Cent.	Dix.	Un.

Chaque tranche, comme on le voit, est composée d'unités, dixaines et centaines du même nom qu'elle.

Pour écrire facilement un nombre, par exemple : le nombre *quatre cent vingt-trois mille cinq cent trente-huit*, on met 4 au rang des cent mille, 2 à la place des dix mille, 3 à celle des unités de mille, 5 aux cent unités, 3 aux dix unités, et 8 au rang de l'unité simple ; exemple : 423538.

Si dans quelque rang on n'a pas d'unités à exprimer, on les remplace par zéro, qui alors sert à conserver la valeur aux chiffres qui sont à sa gauche. Par exemple : pour écrire le nombre *six mille vingt*, on met 6 à la place des unités de mille, 0 à celle des cent unités, 2 au rang des dix unités, et 0 à l'unité simple ; exemple : 6020.

La collection de dix cent mille, ou mille fois mille, se nomme million ; celle de mille millions se nomme billion ; celle de mille billions fait le trillion, et ainsi de suite, quatrillion, quintillion, sextillion, etc.

Quintillions.			Quatrillions.			Trillions.			Billions.			Millions.			Mille.			Unités.		
4	5	6	3	4	8	2	9	5	5	8	9	7	5	2	4	1	3	5	6	2
Cent.	Dix.	Un.	Cent.	Dix.	Un.	Cent.	Dix.	Un.	Cent.	Dix.	Un.	Cent.	Dix.	Un.	Cent.	Dix.	Un.	Cent.	Dix.	Un.

EXERCICES.

Qu'est-ce que l'arithmétique ? — Que nous apprend l'arithmétique ? — Qu'est-ce qu'un nombre ? — Comment appelle-t-on les choses dont un nombre est composé ? — A quoi sert la numération ? — Que faut-il faire pour énoncer facilement les nombres ? — Combien y a-t-il de chiffres dans une tranche ? — Toutes les tranches doivent-elles avoir trois chiffres ? — Comment s'appelle la première tranche, en partant de la droite, la troisième, la quatrième ? — Quel chiffre emploie-t-on pour remplacer les unités qui manquent dans un rang quelconque ? — A quoi sert le zéro ?

Nota. Le maître ou le moniteur doit écrire lui-même des nombres sur le tableau, les faire trancher et lire par les élèves, et ensuite les leur dicter et leur faire écrire ou sur l'ardoise ou sur le tableau, et surtout que ces exercices soient nombreux et roulent sur toutes les difficultés.

QUATRIÈME LEÇON.

DES NOMBRES DÉCIMAUX.

De même que les chiffres augmentent de valeur en allant de droite à gauche, dans un ordre décimal, de même ils *diminuent*, de gauche à droite, *dans un même ordre décimal.* Chaque unité d'un rang ne vaut donc que la dixième partie de celle du rang qui est immédiatement à gauche ; et si l'on continue un nombre, après les unités, en allant vers la droite, on ne peut plus obtenir d'unité entière, mais seulement des parties de l'unité. Le premier chiffre à droite de l'unité exprime les dixièmes ; le deuxième, les centièmes ; le troisième, les millièmes ; le quatrième, les dix millièmes, etc., dont la valeur est toujours de dix en dix fois plus petite. (2ᵉ leçon.)

Pour distinguer les parties de l'unité des unités entières, on met un *point* ou une virgule entre celles-ci et les dixièmes. Par exemple :

$$3 \quad 5 \quad 2 \quad 4 \; . \; 9$$

Un..........
Cent..........
Dix.......... — Mille.
Un..........
Dixièmes.......... — Unités.

Tous les nombres que nous avons vus jusqu'ici pourraient être appelés *nombres décimaux*, parce que leur augmentation et leur diminution se font de dix en dix ; mais on ne donne proprement le nom de nombre décimal qu'à celui qui, en partant de l'unité simple, est continué vers la droite en diminution décimale. Par exemple :

Unités.   Nomb. décimal.

$$4 \quad 2 \quad 5 \; . \; 6 \quad 2 \quad 4 \quad 5 \quad 5 \quad 8$$

Cent..........
Dix..........
Un..........
Point de séparation..........
Dixièmes..........
Centièmes..........
Millièmes..........
Dixmillièmes..........
Centmillièmes..........
Millionièmes..........

Le nombre à gauche du point de séparation est appelé nombre entier, parce que tous les chiffres

dont il est composé renferment une ou plusieurs
unités. Au contraire, depuis le même point de
séparation, en allant à droite, le nombre décimal, quelque grand qu'il soit, ne peut plus produire une unité, parce que les chiffres dont il est
composé ne renferment que des parties (de dix en
dix fois plus petites) d'unités.

EXERCICES.

Que deviennent les chiffres à mesure que l'on va de
la droite vers la gauche ? — En allant de gauche à droite ? —
Que représentent les chiffres placés à droite de celui des
unités simples ? — Quelle est la valeur des chiffres qui
se trouvent au premier, au second, au quatrième rang,
etc., à droite des unités ? — Quel nom a-t-on donné
au 1er, 3e, 5e rang à droite des unités ? — De quel signe
se sert-on pour distinguer les unités entières des parties
décimales de l'unité ? — Qu'est-ce qu'un nombre décimal ? — Combien faut-il de dixièmes pour faire une
unité ? — Combien un centième vaut-il de dixmillièmes ?
— Combien une dixaine vaut-elle de dixièmes, etc. ?

CINQUIÈME LEÇON.

Pour écrire un nombre décimal, il faut, après
avoir écrit les unités entières et le point de séparation, placer les chiffres décimaux chacun dans
le rang qui lui est propre, ayant soin de remplir
par des zéros les rangs où il n'y aura rien à
exprimer : si le nombre n'a pas d'unités entières,
on les remplace encore par zéro que l'on sépare
toujours des décimales par le point.

Donc, cinq dixièmes s'écrivent de cette manière : 0.5 ; sept centièmes, ainsi : 0.07 ; trois millièmes, 0.003 ; quatre dixmillièmes, 0.0004 ;

huit centmillièmes, 0.00008 ; neuf millionièmes,
0.000009, etc.

Un nombre décimal est lu de deux manières ; on
peut le lire de sorte qu'on donne à chaque chiffre
la valeur qui convient à la place qu'il occupe. Par
ex. : 0.5526 : 5 dixièmes, 5 centièmes, 2 millièmes, 6
dixmillièmes ; ou on le lit comme un nombre entier,
en n'indiquant que la valeur de la dernière place à
droite : trois mille cinq cent vingt-six *dixmillièmes*.
Ce qui peut se faire sans changer la valeur des
nombres, puisque dans celui-ci, par ex., le chiffre
5 des dixièmes vaut 50 centièmes ; en y ajoutant les
5 centièmes qui se trouvent dans le nombre, on aura
35 centièmes ; 35 centièmes égalent 350 millièmes,
qui, joints au 2 millièmes du nombre proposé,
valent 352 millièmes ; mais 352 millièmes égalent
3520 dixmillièmes ; en y ajoutant les 6 dixmillièmes du nombre dont il s'agit, on aura 0,5526.
Comme ce raisonnement peut s'appliquer à tout
autre nombre, on en conclut qu'on peut donner à
ce nombre le nom de la dernière espèce d'unités,
ou de parties d'unités dont il est composé.

Dans ce dernier cas on partage le nombre décimal,
comme les nombres entiers, en tranches de trois
chiffres pour en faciliter l'énonciation. Par exemple :

$$0.04,325,627.$$

On énonce ce nombre : quatre millions trois cent
vingt-cinq mille six cent vingt-sept centmillionièmes.

EXERCICES.

Comment écrit-on un nombre décimal ? — Où place-t-on
le point dans les nombres décimaux ? — Que faut-il faire
pour écrire un nombre décimal qui n'a pas d'unités

entières? — De combien de manières peut-on lire les nombres décimaux? — Prouvez qu'on ne change pas la valeur du nombre décimal lorsqu'on donne à ce nombre le nom du dernier rang à droite? — Comment écrit-on 6 dixièmes? — Comment écrit-on 4 centièmes? — Comment écrit-on 8 millièmes? — Comment écrit-on 326 dixmillièmes? — Comment écrit-on 2504 centmillièmes?

SIXIÈME LEÇON.

Dans le système actuel des poids et mesures établi en France, on a donné de nouveaux noms aux unités, dixaines, centaines, mille et dixaines de mille, ainsi qu'aux dixièmes, centièmes, millièmes d'unités de ce système, appelé système métrique, parce qu'il a pour base le mètre.

On représente le nouveau système décimal par le tableau suivant.

Dixaine de mille........	3	Myria.
Mille..................	2	Kilo.
Cent..................	1	Hecto.
Dix...................	4	Déca.
Un....................	2.	Unit. fondamentale.
Dixièmes..............	6	Déci.
Centièmes.............	2	Centi.
Millièmes.............	4	Milli.

L'unité simple, que je nomme fondamentale, parce qu'elle sert de fondement à tous les nombres, est elle-même remplacée par six autres dénominations qui indiquent les unités principales du nouveau système, et qui sont *mètre*, *gramme*, *litre*, *franc*, *are*, *stère*.

Quant aux autres dénominations prises de la langue grecque, elles correspondent aux dénominations que nous avons vues dans la deuxième leçon; ainsi *déca* remplace le nom de dixaines; *hecto*, celui de centaines; *kilo*, celui de mille; *myria*, celui de dixaines de mille. *Déci* remplace le mot dixièmes; *centi*, celui de centièmes; *milli*, celui de millièmes.

Pour écrire facilement un nombre d'après le nouveau système décimal, on n'a qu'à observer ce qu'on a vu dans la troisième et la cinquième leçon, c'est-à-dire qu'il faut remplir jusqu'à l'unité toutes les places du nombre qu'on veut poser.

Remarque. Ces nombres, comme les nombres décimaux dont nous avons parlé dans la cinquième leçon, peuvent être lus de deux manières. Par ex.: 34,254 litres, on peut l'énoncer 3 myria, 4 kilo, 2 hecto, 5 déca, 4 litres; ou on lit : trente-quatre mille deux cent cinquante-quatre litres.

EXERCICES.

Combien vaut un myria? — Que signifie le mot kilo? — Combien un hecto vaut-il de déca? — Combien faut-il de déca pour faire un myria? — Combien le déca vaut-il d'unités simples? — Que veut dire hectogramme? — Quelle différence y a-t-il entre un décamètre et un décimètre? — Quelle est la valeur de centi? — Combien un myrialitre contient-il de décilitres? — Combien y a-t-il de décimètres dans un mètre? — Comment écrit-on 6 déca? — En nous servant des dénominations des unités principales du nouveau système, comment écrit-on 5 décalitres 7 litres? — Comment écrit-on 4 hectolitres 2 litres? — Comment écrit-on 8 kilogrammes 2 décagrammes? — Comment écrit-on 6 myriamètres 4 hectomètres?

SEPTIÈME LEÇON.

Pour écrire les nombres décimaux sous les dénominations de *déci*, *centi*, *milli*, on procède de la manière indiquée dans la cinquième leçon. Ex. : 5 milli s'écrivent ainsi : on pose 0 unités, le point de séparation, 0 déci, 0 centi, 5 milli, 0.005.

Nota. Il arrive souvent que plusieurs nombres de cette sorte sont donnés séparément, et que cependant on n'en doit former qu'un seul; dans ce cas, pour procéder avec facilité, on se fait un rang d'autant de zéros qu'il y a de places à remplir depuis le *myria* jusqu'au *milli*. Par ex. : pour exprimer 5 myria, 243 déci, 14 milli, on pose :

$$00000.000$$
$$50024.314$$

On voit par là que les nombres donnés séparément ne composent que le nombre 50024 unités et 314 milli.

Conséquences des leçons précédentes.

Des leçons que nous avons vues résultent les conséquences suivantes :

1° A mesure que l'on avance de droite à gauche, les unités dont les chiffres sont composés deviennent de dix en dix fois plus grandes d'une place à l'autre.

2° En allant de gauche à droite, les unités dont les chiffres sont composés, deviennent de dix en dix fois plus petites d'une place à l'autre.

3° L'augmentation à gauche et la diminution à droite peuvent aller à l'infini.

4° Chaque rang ne contient que des unités simples par rapport au rang suivant à gauche.

5° Dans les nombres décimaux, en avançant le point de séparation d'une, de deux, de trois, etc., places vers la gauche, on rend le nombre 10 fois, 100 fois, 1000 fois, etc., plus petit. S'il n'y a pas assez de chiffres, on supplée par des zéros.

Dans le nombre 315.7, si l'on avance le point de deux rangs vers la gauche, on aura 3.157, nombre cent fois plus petit que le premier : car le chiffre 7, qui représentait les dixièmes, ne représente plus dans le second que des millièmes ; il est par conséquent rendu 100 fois plus petit. Le chiffre 5, qui représentait des unités, ne représente plus que des centièmes ; le chiffre 1, qui valait une dixaine, ne vaut plus que 1 dixième ; et le chiffre 3, qui représentait 3 centaines, ne représente plus que 3 unités ; tous les trois ont été rendus 100 fois plus petits. Puisque tous les chiffres qui composaient ce nombre ont été rendus 100 fois plus petits, le nombre lui-même a été rendu 100 fois plus petit : on prouverait de même qu'un nombre est rendu 100 fois plus grand, si l'on recule le point de deux rangs vers la droite *.

6° En reculant le point d'une, de deux, de trois, etc., places vers la droite, on rend le nombre 10 fois, 100 fois, 1000 fois, etc., plus grand.

---

* Des raisonnemens semblables sont indispensables pour faire comprendre aux élèves les effets du déplacement du point.

1*

7° Un nombre décimal ne change pas de valeur quand on met des zéros à sa droite ; de même qu'un nombre entier ne change pas de valeur quand on écrit des zéros à sa gauche.

Parce que la valeur des chiffres décimaux dépend de la place qu'ils occupent à droite du point ; ainsi, un chiffre qui se trouve au rang des centièmes, conservera la valeur attachée à ce rang, quoiqu'on ajoute des zéros à droite, et cela parce qu'il sera toujours au second rang à droite du point.

8° Il s'ensuit encore que l'unité simple est le fondement et la base de tous les nombres possibles.

EXERCICES.

Que deviennent les unités que les chiffres représentent à mesure que l'on recule le point à droite ? — A gauche ? — Combien les unités d'un rang quelconque valent-elles, par rapport à celles d'un rang immédiatement à droite ? — A gauche ? — Fait-on changer la valeur des nombres décimaux en déplaçant le point ? — En reculant le point de deux places vers la droite, que deviendra le nombre ? — Que deviendra le nombre si l'on avance le point de deux, trois, etc., places vers la gauche ? — Que deviendra un nombre décimal si l'on ajoute des zéros à sa droite ?

Section deuxième.

DES QUATRE PRINCIPALES OPÉRATIONS.

PREMIÈRE LEÇON.

DES SIGNES ET TERMES EMPLOYÉS DANS LES QUATRE OPÉRATIONS.

Le signe de l'addition se prononce *plus*, et s'écrit +

Le signe de la soustraction se prononce *moins*, et s'écrit. —

Celui de la multiplication, *multiplié par*, et s'écrit . . . . ×

Celui de la division, *divisé par*, et s'écrit. . :

Celui de l'égalité, *égal à*, et s'écrit. . . . . =

Ces différens signes se placent entre les nombres que l'on veut combiner ; ainsi, si l'on indique l'addition de 5 à 7, on écrit 5 + 7 ; la multiplication de 9 par 6, on écrit 9 × 6 ; et si, en outre, on indique le résultat, on aura 5 + 7 = 12, et 9 × 6 = 54.

Le changement des nombres se fait de deux manières ; on les rend ou plus grands ou plus petits.

L'augmentation est encore opérée de deux manières qu'on nomme *addition* et *multiplication*. De même la diminution est opérée de deux manières qu'on appelle *soustraction* et *division*.

EXERCICES.

Écrivez le signe de l'addition, de la multiplication, de l'égalité ? — Indiquez qu'il faut soustraire 15 de 28 ? — Indiquez la multiplication de 7 par 9. — Quels changemens peut-on faire subir aux nombres ? — Comment nomme-t-on les opérations par lesquelles on augmente les nombres ? — Comment se nomment les opérations par lesquelles on diminue les nombres ? — Où place-t-on les divers signes de l'arithmétique ?

DEUXIÈME LEÇON.

DE L'ADDITION.

L'addition est une opération par laquelle on réunit plusieurs nombres de même espèce, et dont on exprime la valeur totale par un seul nombre qu'on appelle *somme*.

On ne peut additionner ensemble que des unités de même espèce.

TABLE D'ADDITION.

Sens horizontal.

0	1	2	3	4	5	6	7	8	9
1	2	3	4	5	6	7	8	9	10
2	3	4	5	6	7	8	9	10	11
3	4	5	6	7	8	9	10	11	12
4	5	6	7	8	9	10	11	12	13
5	6	7	8	9	10	11	12	13	14
6	7	8	9	10	11	12	13	14	15
7	8	9	10	11	12	13	14	15	16
8	9	10	11	12	13	14	15	16	17
9	10	11	12	13	14	15	16	17	18

USAGES DE CETTE TABLE.

Pour trouver la somme de deux nombres, il faut chercher la case correspondante aux deux nombres pris, l'un dans la première colonne verticale et l'autre dans la première colonne horizontale ; cette case contient la somme cherchée. Ex. : Quelle est la somme des nombres 5 et 9 ? On prendra dans la première colonne verticale le nombre 5, et dans la première colonne horizontale le nombre 9 ; la case correspondante à ces deux nombres contient 14, qui est en effet la somme demandée. On pourrait aussi bien prendre le nombre 5 dans la colonne horizontale et le nombre 9 dans la colonne verticale ; la case correspondante donnerait aussi 14.

Mais il arrive quelquefois, surtout lorsqu'il y a beaucoup de nombres à additionner, que cette table n'est pas assez étendue : on y supplée facilement ; voici la règle à suivre : il faut chercher dans la table la somme des chiffres des unités de chaque nombre, et ajouter à leur somme les dixaines qui se trouvent dans l'un ou l'autre des nombres à additionner, ou même dans tous les deux. Ex. : $24 + 5$; la table indique que $4 + 5 = 9$; la somme cherchée sera par conséquent 29, à laquelle on veut encore ajouter 8 ; la table indique que $9 + 8 = 17$; ajoutant les 2 dixaines de 29 à celle de 17, on aura 57.

Pour additionner plusieurs nombres composés, il faut les écrire de manière que les rangs de même espèce soient alignés les uns sous les autres, c'est-à-dire que les unités simples soient sous les unités simples, les dixaines sous les dixaines, les centaines sous les centaines, les mille sous les mille, etc. ; de même dans les nombres décimaux, que les dixièmes soient sous les dixièmes, les centièmes sous les centièmes, les millièmes sous les millièmes, etc., ou simplement aligner le point, ce qui produit des colonnes de dixièmes, d'unités simples, de dixaines, etc. Ensuite, après avoir souligné le tout, on commence par additionner les chiffres de la première colonne à droite, et si la somme qui en résulte ne contient pas de dixaines, c'est-à-dire si elle ne surpasse pas neuf, on l'écrit au-dessous ; mais si elle contient en outre des dixaines, on n'écrit que les unités simples qui sont en sus des dixaines, et l'on retient les dixaines pour les joindre à la colonne suivante. On fait de même pour les autres colonnes, jusqu'à la dernière à gauche, sous laquelle on met la somme telle qu'on la trouve, en avançant d'un rang le chiffre des dixaines, s'il y en a.

Exemple : Qu'on veuille connaître la somme des nombres 3425 + 5862 + 4855 + 6273 ; on les dispose comme ci-dessous, et l'on opère comme on vient de le dire.

OPÉRATION.

3425
5862
4855
6273

———

20395 . . . Somme.

La somme de la première colonne à droite, qui est celle des unités simples, est quinze, c'est-à-dire cinq unités qu'on écrit au-dessous, et une dixaine qu'on ajoute à la colonne suivante , et qui n'y est considérée que comme une unité. (Voyez la 4ᶜ conséquence , 7ᵉ leçon , sect. 1ʳᵉ.) La somme des dixaines , par le moyen de cette unité, est dix-neuf, ce qui fait 9 dixaines , qu'on écrit au-dessous , et une centaine qu'on joint à la colonne suivante des centaines. Cette colonne contient la somme de vingt-trois centaines, ou trois centaines et deux mille ; on écrit les trois centaines au-dessous , et l'on retient les deux mille pour les joindre à la colonne suivante des mille. Enfin , la somme des mille est de vingt ; on écrit le zéro au-dessous , et l'on avance d'un rang à gauche les deux dixaines de mille.

Il est utile de faire faire aux enfans les démonstrations des quatre opérations. Celle de l'addition peut être la suivante (en nous servant de l'exemple ci-dessus.)

La somme des nombres proposés est de 20395 ; car le chiffre 5 représente la somme des unités ; le 9 , la somme des chiffres de la colonne des dixaines ; le 3 , la somme des centaines ; le zéro indique que la somme des unités de cette colonne ayant composé des dixaines exactement, le résultat de cette colonne est représenté par deux dixaines de mille, qui se trouvent dans un rang plus à gauche. Si chacun de ces chiffres représente l'addition d'une colonne , tous ensemble représenteront la somme de toutes les colonnes , et le nombre 20395 , formé de toutes ces sommes , est donc la somme des nombres proposés.

Nota. Le maître ou le moniteur fera faire des exercices nombreux d'additions sur toutes les difficultés, d'abord en écrivant les nombres à la suite les uns des autres sur le tableau, et que les élèves rangent après sur l'ardoise ou sur le tableau pour les additionner, ensuite en dictant les nombres que les élèves écrivent encore à la suite les uns des autres, et qu'ils rangent comme dans le premier exercice.

EXERCICES.

Qu'est-ce que l'addition? — Comment se nomme le résultat de l'addition? — Comment range-t-on les nombres entiers pour les additionner? — Par où commence-t-on l'addition? — Si la somme d'une colonne surpasse neuf, que faut-il faire? — Comment faut-il ranger les nombres décimaux pour en faire l'addition?

TROISIÈME LEÇON.

L'addition des nombres décimaux se fait de la même manière que celle des nombres entiers, parce que l'augmentation, comme dans ceux-ci, va de dix en dix d'une colonne à l'autre. On n'a qu'à observer de mettre les points de séparation les uns sous les autres, ainsi que d'aligner celui de la somme. Exemple :

$$
\begin{array}{r}
43.03 \\
524.83 \\
6.523 \\
75.3093 \\
\hline
649.6923
\end{array}
$$

On aligne le point dans la somme, parce que chaque chiffre de la somme renferme des unités de même espèce que la colonne qui lui correspond.

Autres Exemples.

2.04	0.354
56.342	0.20
793.8554	0.8554
7.210	0.2104
63.489	0.5445
2.53	0.25
	0.435
925.4644	2.8291

Comme les zéros qu'on écrit à gauche des nombres entiers et à droite des nombres décimaux ne changent pas la valeur de ces nombres, on peut, pour se faciliter la suite d'une colonne, remplir par des zéros toutes les places qui manquent de chiffres ; ce qui, en même temps, donne une forme plus nette à la position. Exemple :

3.4	003.400
53.2	053.200
6.435	006.435
938.5	938.500
7.4	007.400
85.52	085.520
1094.455	1094.455

Dans les additions des nombres sous les dénominations du nouveau système, on procède encore de la même manière que dans les nombres décimaux. Ex. : Soit proposé d'ajouter les nombres suivans :

4 kilo, 5 déca, 6 déci ; + 5 hecto, 7 unités, 4 centi ;
+ 8 myria, 9 kilo, 7 hecto, 5 déca et 15 milli :

$$\begin{array}{r} 00000.000 \\ 4050.6 \\ 507.04 \\ 89730.015 \\ \hline 94287.655 \end{array}$$

EXERCICES.

Comment se fait l'addition des nombres décimaux ? — Où faut-il mettre le point dans la somme ? — Comment faut-il ranger les nombres qui ont des dénominations du système métrique ? — Est-il nécessaire d'aligner le point de la somme avec ceux des nombres à additionner ? Pourquoi ?

QUATRIÈME LEÇON.

DE LA SOUSTRACTION.

La soustraction est une opération par laquelle on compare entre eux deux nombres de même espèce ; c'est-à-dire que l'on cherche de combien l'un est plus grand que l'autre, en retranchant le plus petit du plus grand. Le résultat se nomme reste, excès, différence.

TABLE DE SOUSTRACTION.

Sens vertical.

10	9	8	7	6	5	4	3	2	1	0	0
·	·	·	·	·	·	·	·	·	·	0	1
·	·	·	·	·	·	·	·	·	0	1	2
·	·	·	·	·	·	·	·	0	1	2	3
·	·	·	·	·	·	·	0	1	2	3	4
·	·	·	·	·	·	0	1	2	3	4	5
·	·	·	·	·	0	1	2	3	4	5	6
·	·	·	·	0	1	2	3	4	5	6	7
·	·	·	0	1	2	3	4	5	6	7	8
·	·	0	1	2	3	4	5	6	7	8	9
·	0	1	2	3	4	5	6	7	8	9	10
0	1	2	3	4	5	6	7	8	9	10	11
1	2	3	4	5	6	7	8	9	10	11	12
2	3	4	5	6	7	8	9	10	11	12	13
3	4	5	6	7	8	9	10	11	12	13	14
4	5	6	7	8	9	10	11	12	13	14	15
5	6	7	8	9	10	11	12	13	14	15	16
6	7	8	9	10	11	12	13	14	15	16	17
7	8	9	10	11	12	13	14	15	16	17	18
8	9	10	11	12	13	14	15	16	17	18	19

Sens horizontal.

Pour trouver la différence entre deux nombres, on cherche dans la table la case correspondante aux deux nombres (le nombre à soustraire étant toujours pris dans la colonne verticale); le nombre qui se trouve dans cette case indique le résultat de la soustraction. Ex.: qu'on ait 8 à retrancher ou soustraire de 17, on prend 8 dans la colonne verticale et 17 dans la colonne horizontale; la case qui répond aux deux colonnes contient 9, qui est bien le résultat cherché.

Pour faire la soustraction, on écrit le plus petit nombre sous le plus grand, en alignant les chiffres du même ordre; ensuite, après avoir souligné le tout, on soustrait chaque chiffre du nombre inférieur, du chiffre qui lui correspond dans le nombre supérieur, en procédant de droite à gauche; le reste s'écrit au-dessous, et lorsqu'il ne reste rien on met un zéro. Exemple: du nombre 5346 on veut soustraire 3324.

OPÉRATION.

5346

3324

———

Reste... 2022

Dans cet exemple on dit: 4 ôté de 6 reste 2, qu'on écrit au-dessous; 2 de 4 reste 2; 3 de 3 reste zéro; 3 de 5 reste 2; et on a 2022 pour différence entre les deux nombres proposés*.

EXERCICES.

Qu'est-ce que la soustraction? — Qu'indique le résultat

---

* 2022 est la différence entre 5346 et 3324; car le premier chiffre à droite, 2, est la différence entre les unités simples des deux nombres; le second 2 indique la différence entre les dixaines; le zéro celle des centaines, et le 2 à gauche la différence entre les mille: tous ces chiffres pris ensemble formeront donc la différence entre ces nombres.

de la soustraction? — Comment se nomme le résultat de la soustraction? — Comment range-t-on les nombres pour faire la soustraction? — Par où commence-t-on la soustraction?

CINQUIÈME LEÇON.

Si dans le nombre inférieur il se trouve qu'un chiffre soit plus grand que celui qui lui correspond dans le nombre supérieur, alors on ajoute 10 au chiffre supérieur pour pouvoir soustraire, et on compense ces 10 en ajoutant 1 au chiffre suivant du nombre inférieur. Exemple :

$$5283$$
$$3564$$

$$1719$$

On dit 4 de 3 cela ne se peut, j'ajoute 10 au chiffre 3, ce qui fait 13, et je dis 4 de 13 reste 9. Je compense les 10 ajoutés au chiffre 3, en ajoutant 1 au 6, chiffre inférieur suivant, ce qui fait 7 dixaines, et je dis, 7 de 8 reste 1, et ainsi de suite *.

---

* Le reste de cette soustraction est de 1719. En ajoutant aux chiffres supérieurs on n'a rien changé à la différence entre les deux nombres. En effet, on a ajouté 10 au chiffre 3 qui est au rang des unités simples; on a donc augmenté le nombre supérieur d'une dixaine. Mais en compensation on a ajouté 1 au chiffre 6 qui est au rang des dixaines; on a donc aussi augmenté d'une dixaine le nombre inférieur, etc. Par conséquent, la différence des nombres est toujours la même, parce qu'ils ont éprouvé la même augmentation, et qu'en retranchant la dixaine

EXERCICES.

Si le chiffre du nombre supérieur est plus petit que son correspondant du nombre inférieur, que faut-il faire? — Pourquoi, lorsqu'on a ajouté 10 à un chiffre du nombre supérieur, ajoute-t-on 1 au chiffre inférieur de la colonne suivante? — Pourquoi la différence entre les nombres sur lesquels on opère n'est-elle pas altérée lorsqu'on ajoute 10 au chiffre supérieur et 1 au chiffre inférieur de la colonne suivante?

SIXIÈME LEÇON.

La soustraction des nombres décimaux se fait de la même manière que celle des nombres entiers; on observe seulement d'aligner les points de séparation dans les 2 nombres, ainsi que celui du reste ou de la différence. Exemple :

Soustraire 6.55423 de 46.75384.

On pose......... 46.75384
                  6.35423
                  ──────────
Reste........... 40.59961

AUTRE EXEMPLE.

Soustraire 0.00456 de 0.05.

On voit que dans le nombre supérieur il n'y a pas autant de chiffres que dans le nombre inférieur, quoique sa valeur soit plus grande; dans ce cas, il faut y suppléer à droite par autant de zéros que le nombre inférieur contient plus de chiffres; ce qui n'en change aucunement la valeur. (Voyez la septième conséquence, page 18.)

ajoutée au nombre inférieur de la dixaine ajoutée au nombre supérieur, le reste zéro indique que la différence entre ces nombres n'a pas été altérée.

0.05000	**Même Exemple.**	0.05
0.00456		0.00156

| 0.04544 | | 0.04544 |

On suit la même règle lorsque le nombre inférieur contient moins de chiffres que le supérieur. Exemple:

4.05524	**Même Exemple.**	4.05524
0.25400		0.254

| 5.80124 | | 5.80124 |

On procède de la même manière que dans les nombres décimaux, pour soustraire des nombres du nouveau système.

Ex.: Soit proposé de soustraire 5 kilo, 7 déca, 9 unités, 3 déci, 8 centi, 2 milli, de 4 myria, 8 hecto, 5 déca, 6 déci, 4 centi :

$$40850.64$$
$$5079.382$$

$$35771.258$$

EXERCICES.

Comment se fait la soustraction des nombres décimaux? — Que faut-il observer dans la soustraction des nombres décimaux? — Si dans l'un des nombres décimaux sur lesquels on opère, il y avait moins de décimales que dans l'autre, que faudrait-il faire? — Comment se fait la soustraction des nombres qui portent les dénominations du système métrique ?

SEPTIÈME LEÇON.

DE LA MULTIPLICATION.

La multiplication est une opération par laquelle on répète un nombre autant de fois qu'un autre nombre contient d'unités ; le résultat se nomme *produit*.

Le nombre qu'on répète ou qu'on multiplie s'appelle *multiplicande*, et celui qui indique combien de fois il faut répéter le multiplicande est appelé *multiplicateur*.

Le multiplicande et le multiplicateur sont encore nommés les facteurs du produit.

Le produit est toujours de même espèce que le multiplicande, puisqu'il est formé du multiplicande répété un certain nombre de fois.

De la définition ci-dessus il résulte que plus le multiplicateur est grand, plus le produit est grand, et que plus il est petit, plus aussi le produit est petit.

Ainsi remarquons 1° que si le multiplicateur est plus grand que 1, le produit sera plus grand que le multiplicande, puisqu'il sera composé du multiplicande répété plus d'une fois; 2° si le multiplicateur est 1, le produit sera égal au multiplicande, puisqu'il sera formé du multiplicande répété une fois ; 3° si enfin le multiplicateur est plus petit que 1, le produit sera plus petit que le multiplicande, car le multiplicande n'aura été répété qu'une partie de fois.

7 *Multiplicande.*
5 *Multiplicateur.*

---

35 *Produit.*

Le produit d'une multiplication est toujours le même, quoiqu'on change l'ordre des facteurs. Dans l'exemple ci-dessus, on obtient le même produit, soit qu'on multiplie 7 par 5 ou 5 par 7.

TABLE DE MULTIPLICATION.

Sens horizontal.

1	2	3	4	5	6	7	8	9	10
2	4	6	8	10	12	14	16	18	20
3	6	9	12	15	18	21	24	27	30
4	8	12	16	20	24	28	32	36	40
5	10	15	20	25	30	35	40	45	50
6	12	18	24	30	36	42	48	54	60
7	14	21	28	35	42	49	56	63	70
8	16	24	32	40	48	56	64	72	80
9	18	27	36	45	54	63	72	81	90
10	20	30	40	50	60	70	80	90	100

Sens vertical.

USAGES DE CETTE TABLE.

Lorsqu'on veut chercher le produit de deux nombres, on prend l'un de ces nombres dans la 1re bande horizontale et l'autre dans la 1re bande verticale ; la case intérieure qui correspond à ces deux nombres contient le produit cherché. Qu'on veuille, par exemple, chercher le produit de 7 par 5, on prendra 7 dans la 1re bande horizontale et 5 dans la 1re bande verticale; la case qui correspond à ces deux nombres contient 35, qui est bien le produit de 7 par 5 : on aurait pu prendre le 5 dans la bande horizontale et le 7 dans la bande verticale, on aurait trouvé le même produit.

En faisant entrer les 10 premiers nombres dans la 1re bande horizontale et la 1re bande verticale, nous avons eu dessein aussi de donner une idée de la mesure de surface (système métrique), voici comment :

Chaque bande, ou mieux chaque côté de la table a été divisé, comme on le voit, en 10 parties que nous supposons égales. Si chaque partie représente un mètre, le côté représentera 10 mètres ou 1 décamètre (la chaîne d'arpenteur), chaque case deviendra alors le mètre carré (1 centiare), car elle aura 1 mètre sur chaque face : la table entière représentera 100 mètres carrés (1 are) puisqu'elle aura 10 mètres de chaque côté.

Si le côté représente un mètre, la table entière représentera un mètre carré ; le côté de la case vaudra alors 1 décimètre, et chaque case 1 décimètre carré. Si enfin chaque partie du côté représente 1 décamètre, le côté entier représentera 100 mètres ; chaque case vaudra 100 mètres carrés (1 are) et la table entière représentera 10000 mètres carrés ou 100 ares ou 1 hectare.

Nous reviendrons là-dessus lorsque nous parlerons des nouvelles mesures : disons seulement que si l'on a 8 mètres de longueur et 5 m. de largeur, la superficie sera égale au nombre de cases comprises entre ces deux nombres ; car on peut représenter les 8 mètres par 8 divisions de la bande horizontale, et les 5 m. par 5 divisions de la bande verticale ; la case correspondante à ces deux nombres indique qu'il y a 24 mètres carrés dans cette surface.

Nous pensons faire plaisir aux jeunes lecteurs

de cette Arithmétique, en leur donnant une table de multiplication, que sans doute beaucoup ne connaissent pas : elle se fait au moyen des doigts.

Une main représente le multiplicande, l'autre main représente le multiplicateur.

Il faut que les enfans connaissent déjà les produits de tous les chiffres par 4 et au-dessous.

Voici la règle : On lève autant de doigts dans une main qu'il faudrait ajouter d'unités au facteur qu'elle représente pour faire 10. On lève également autant de doigts dans l'autre main qu'il faudrait ajouter d'unités au facteur qu'elle représente pour faire 10. Les autres doigts restent fermés : chacun de ces doigts fermés représente une dixaine du produit. On multiplie les doigts levés d'une main par ceux qui sont levés dans l'autre main ; on ajoute le résultat aux dixaines marquées par le nombre de doigts fermés et on a le produit total. Ex. : Combien font 6 fois 8.

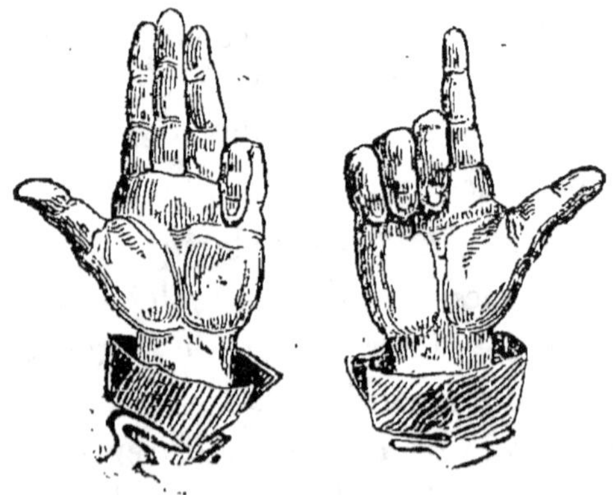

D'après la règle ci-dessus, on dispose les mains comme dans cette figure ; la main qui représente 6 a 4 doigts levés et 1 fermé, celle qui représente le facteur 8 a 2 doigts levés et 3 fermés ; il y a par conséquent 4 doigts fermés qui font 4 dixaines ou

40 ; en multipliant les 4 doigts levés de la première main par les deux levés de la seconde on a $4 \times 2 = 8$ que l'on ajoute à 40, ce qui donne 48 qui est bien le produit cherché.

Autre exemple : Combien font 7 fois 7.

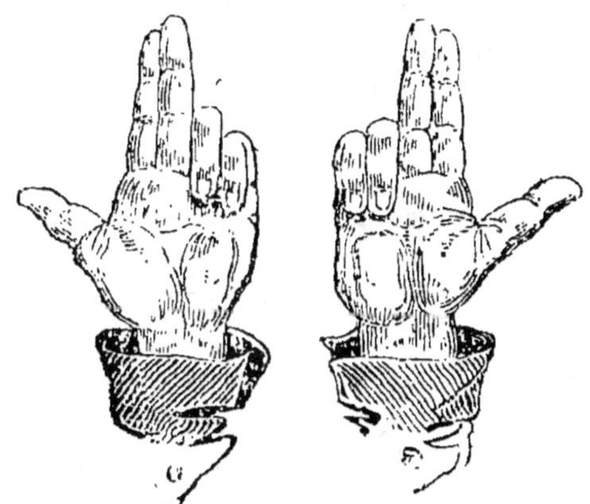

Comme il manque 3 unités à chaque facteur pour faire 10, on lève 3 doigts dans chaque main comme dans cette figure ; on a 4 doigts fermés $= 40$, 3 doigts levés d'une main $\times$ les 3 doigts levés de l'autre main $= 9 + 40$ de doigts fermés $= 49$.

Quel est le produit de 9 par 5 ou 5 par 9 ?

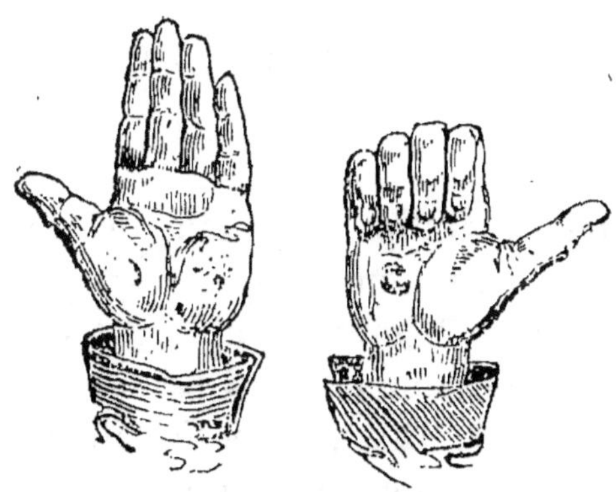

La figure troisième indique la manière de lever

et de fermer les doigts pour obtenir le produit cherché.

Le facteur 5 est représenté par la main qui a tous les doigts levés ; le facteur 9 par celle qui n'a qu'un doigt levé, car il faudrait ajouter 5 au premier facteur pour égaler 10, et 1 au second pour avoir aussi 10.

4 doigts fermés $= 40 + 5$ levés $\times 1 = 5 = 45$.

EXERCICES.

Qu'est-ce que la multiplication ? — Qu'est-ce que le multiplicande ? — Qu'est-ce que le multiplicateur ? — N'a-t-on pas donné un autre nom au multiplicateur, au multiplicande ? — Comment se nomme le résultat de la multiplication ? — Que devient le produit, si l'on change l'ordre des facteurs ? — Quelle remarque peut-on faire sur la multiplication ? — Quel serait le produit d'un nombre multiplié par zéro ? — Pourquoi le produit est-il de même espèce que le multiplicande ? — Cherchez le produit de 8×7 dans la table, sur les mains ; de 7×9 ; de 10×6 ; de 5×7.

HUITIÈME LEÇON.

Si l'on a à multiplier un nombre composé de plusieurs chiffres, par un nombre simple, on commence par multiplier les unités simples ; et si le produit ne contient que des unités, on l'écrit au-dessous ; mais s'il renferme des dixaines, on les ajoute au produit suivant des dixaines ; on continue à multiplier ainsi de droite à gauche tous les chiffres du multiplicande par le multiplicateur, et si le produit du dernier chiffre renferme des dixaines, on les avance d'un rang. Exemple : 5486 $\times$ 6.

$$5486$$
$$6$$
$$\overline{32916}$$

On dit 6 fois 6 font 36, je pose 6 et retiens les 3 dixaines ; 6 fois 8 font 48, et 3 que j'ai retenus font 51, je pose 1 et retiens 5 ; 6 fois 4 font 24, et 5 de retenus font 29, je pose 9 et retiens 2 ; 6 fois 5 font 30 et 2 de retenus font 32, je pose 2 et avance 3*.

EXERCICES.

Comment multiplie-t-on un nombre composé de plusieurs chiffres par un multiplicateur d'un seul chiffre ? — Pourquoi commence-t-on la multiplication par la droite ? — De quoi est composé le produit d'une multiplication ? — Si le multiplicande représentait des francs, de quelle espèce serait le produit ?

NEUVIÈME LEÇON.

Si les deux facteurs sont des nombres composés de plusieurs chiffres, il faut multiplier le multiplicande

---

* DÉMONSTRATION. Je dis que 32916 est le produit de 5486 multiplié par 6. En effet, on a multiplié par 6 chaque chiffre du multiplicande ; le multiplicande entier lui-même a donc été multiplié par 6. On voit par cet exemple que le produit est le même que le multiplicande répété 6 fois. On peut donc en conclure que dans toute multiplication le produit représente le multiplicande répété autant de fois que l'indique le multiplicateur, et que, par conséquent, il est de même espèce.

successivement par tous les chiffres du multiplicateur, c'est-à-dire qu'il faut commencer à multiplier tout le multiplicande par les unités simples du multiplicateur, puis par les dixaines, les centaines, etc., et avoir l'attention de poser le dernier chiffre qui est à droite de chaque produit partiel, sous le chiffre par lequel on multiplie. Ensuite on additionne les produits partiels, et la somme qui en résulte est le produit total. On doit écrire le chiffre de droite de chaque produit partiel dans le rang du chiffre par lequel on multiplie ; car lorsqu'on multiplie le chiffre des unités du multiplicande par celui des dixaines du multiplicateur, le produit est au moins une dixaine, qui ne peut s'écrire qu'au second rang : il en est de même pour tous les chiffres du multiplicateur.

$$52465 \quad \textit{Multiplicande.}$$
$$4538 \quad \textit{Multiplicateur.}$$

$$419704 \quad 1^{er} \; \textit{Produit partiel.}$$
$$157589 \quad 2^{me} \qquad \textit{id.}$$
$$262515 \quad 3^{me} \qquad \textit{id.}$$
$$209852 \quad 4^{me} \qquad \textit{id.}$$

$$238077094 \quad \textit{Produit total}^{*}.$$

EXERCICES.

Lorsque les facteurs sont composés de plusieurs chiffres,

* **DÉMONSTRATION.** 238077094 est le produit de 52465 par 4538, car il est composé du produit partiel de tous les chiffres du multiplicande, multipliés par celui des unités simples du multiplicateur, du produit du multiplicande par les dixaines du multiplicateur, du produit du multi-

comment fait- on la multiplication ? — Pourquoi doit - on mettre le premier chiffre à droite du produit par les dixaines, dans le second rang ? — De celui par les centaines dans le troisième ? — Qu'est-ce qu'un produit partiel ? — Quel est le produit de 1×1 dixaine ? — De 1×1 centaine, etc.

DIXIÈME LEÇON.

La multiplication des nombres décimaux se fait de même que celle des nombres entiers ; on ne fait aucune attention au point de séparation ; seulement on sépare dans le produit autant de chiffres décimaux qu'il y en a dans les facteurs. Exemple :

$$43.503$$
$$2.45$$

$$217515$$
$$174012$$
$$87006$$

$$106.58235$$

Dans le produit de cet exemple je sépare 5 chiffres à droite, parce que dans les facteurs il y a 5 chiffres décimaux 58235 cent millièmes. Parce qu'on a multiplié sans avoir égard au point, on a multiplié un multiplicande devenu 1000 fois plus grand par un multiplicateur devenu lui-même 100 fois plus grand ;

plicande par les centaines du multiplicateur ; enfin du produit du multiplicande par les mille du multiplicateur : par ce moyen, le multiplicande ayant été multiplié par tous les chiffres du multiplicateur, la réunion de ces produits doit être le produit total ; donc 258077094, somme de ces produits, est le produit cherché.

on a donc multiplié 1000 fois trop par 100 fois trop, ce qui donne un produit 100000 fois trop grand ; pour obtenir le véritable produit, il faut rendre celui obtenu 100000 fois plus petit, ce qui se fait en retranchant sur sa droite cinq chiffres (7ᵉ leçon, 1ʳᵉ section) ; c'est-à-dire autant qu'il y a de décimales dans les facteurs.

Si l'un des facteurs ou les deux sont des nombres purement décimaux, il arrive souvent que dans le produit on n'a pas assez de chiffres pour égaler le nombre des décimales qui sont dans les facteurs; dans ce cas, il faut suppléer par des zéros aux rangs qui manqueraient de chiffres, jusqu'à l'unité inclusivement, pour pouvoir déterminer la valeur du produit. Exemple :

Multiplier 35 unités par 225 millionièmes.

$$
\begin{array}{r}
35 \\
0.000225 \\
\hline
175 \\
70 \\
70 \\
\hline
0.007875 \quad \textit{Produit.}
\end{array}
$$

Pour se faciliter cette opération, on fait mieux de mettre les zéros déjà aux facteurs, sans cependant y faire attention en multipliant.

Ex. : Multiplier 25 centièmes par 34 millièmes.

$$
\begin{array}{r}
0.25 \\
0.034 \\
\hline
100 \\
75 \\
\hline
0.00850
\end{array}
$$

On voit, par les exemples précédens, que dans la multiplication de deux nombres entiers l'un par l'autre, la valeur réelle de ces nombres est augmentée; au contraire, que par la multiplication des nombres décimaux, cette valeur est diminuée de dix en dix fois, parce qu'on ne multiplie qu'avec des parties d'unité. Ex. : 5 multiplié par un dixième fait 0.5 ; par un centième, 0.05 ; par un millième, 0.005.

$$
\begin{array}{ccc}
5 & 5 & 5 \\
0.1 & 0.01 & 0.001 \\
\hline
0.5 & 0.05 & 0.005
\end{array}
$$

Un dixième multiplié par un dixième doit produire un centième.

$$
\begin{array}{c}
0.1 \\
0.1 \\
\hline
0.01
\end{array}
$$

Un dixième multiplié par un centième fait un millième.

$$
\begin{array}{c}
0.1 \\
0.01 \\
\hline
0.001
\end{array}
$$

On n'a qu'à observer que dans le produit on doit avoir autant de chiffres décimaux que dans les deux facteurs ensemble.

EXERCICES.

Comment se fait la multiplication des nombres décimaux? — Puisqu'on opère sans avoir égard au point, que devient le produit? — Comment peut-on avoir le véritable produit d'un nombre décimal? — Quel est le produit de 1 × 0.1? — Quel est le produit de 0.01 × 0.1? — Pourquoi, lorsque le multiplicateur n'est composé que de parties décimales, le produit est-il plus petit que le multiplicande ?

ONZIÈME LEÇON.

DIFFÉRENS CAS OU L'ON ABRÈGE LA MULTIPLICATION.

Nous avons vu dans la section 1re, 7e leçon, que pour multiplier un nombre décimal par l'unité suivie de zéros, on recule le point de séparation d'autant de places vers la droite qu'il y a de zéros à la suite de l'unité dans le nombre par lequel on multiplie.

1° **Si** l'on veut multiplier un nombre entier par 10, 100, etc., et en général par l'unité suivie de zéros, on n'a qu'à mettre à la droite de ce nombre autant de zéros qu'il y en a à la droite de l'unité. Ex. : en multipliant 4562 par 1000, on a pour produit 4,562,000. Par ce moyen, chacun des chiffres du multiplicande étant avancé de trois places vers la gauche, obtient une valeur 1000 fois plus grande ; tout le nombre est donc rendu 1000 fois plus grand ou multiplié par 1000.

2° **S'il** y a des zéros sur la droite d'un des facteurs ou de tous les deux, on n'y a pas égard en multipliant, seulement on en ajoute autant à la droite du produit qu'il y en a à la suite d'un facteur ou des deux. Exemple.

342	425000
200	3400
68,400	1700
	1275
	1,445,000,000

Voici pourquoi on ajoute les zéros à la droite du produit ; par ex. : en multipliant 425000 par 5400, sans avoir égard aux zéros dans l'un ni dans l'autre des facteurs, le premier sera rendu 1000 fois plus petit et le second 100 fois plus petit ; mais en multipliant 1000 fois trop petit par 100 fois trop petit, on obtient un produit 100000 fois trop petit. Pour avoir le véritable produit, il faut donc rendre celui-ci 100000 fois plus grand, ce qui se fait en ajoutant 5 zéros à sa droite, c'est-à-dire autant qu'il y en a à la droite des facteurs.

5° S'il y a des zéros entre les chiffres du multiplicateur, on les saute, et l'on recommence à multiplier par le premier chiffre suivant à gauche, ayant soin de mettre le dernier chiffre à droite du produit partiel, au rang du chiffre multiplicateur correspondant. Exemple :

$$
\begin{array}{r}
52425 \\
5004 \\
\hline
129700 \\
97275 \\
\hline
97404700
\end{array}
$$

4° Si le dernier chiffre à droite du multiplicateur est l'unité simple, on peut encore la sauter et commencer par le chiffre suivant, avec l'attention d'additionner le multiplicande avec le produit ou les produits partiels. Exemple.

$$
\begin{array}{r}
5425 \\
21 \\
\hline
6850 \\
\hline
71925
\end{array}
\qquad
\begin{array}{r}
265 \\
341 \\
\hline
1052 \\
789 \\
\hline
89683
\end{array}
$$

Nota. On pourrait faire la même chose quand l'unité est placée entre les chiffres du multiplicateur ; mais cet avantage ne pourrait être conseillé qu'à des calculateurs perfectionnés.

EXERCICES.

Comment multiplie-t-on un nombre entier par 10, par 100, par 1000, etc. ? —— Que devient un nombre entier à la droite duquel on met des zéros ? —— Prouvez qu'un nombre entier est rendu 1000 fois plus grand lorsqu'on ajoute trois zéros à sa droite ? —— Comment fait-on la multiplication de nombres qui sont terminés par des zéros ? —— Si, en multipliant, on n'a pas égard aux zéros qui se trouvent à la droite des facteurs, que faut-il faire ? —— Que doit-on faire lorsqu'il se trouve des zéros entre les chiffres significatifs du multiplicateur ?

DOUZIÈME LEÇON.

DE LA DIVISION.

La division est une opération par laquelle on partage un nombre appelé *dividende*, en autant de parties égales qu'il y a d'unités dans un autre nombre appelé *diviseur*.

Diviser signifie aussi : *chercher combien de fois le diviseur est contenu dans le dividende.*

Le diviseur et le quotient sont les facteurs du dividende. On a donné au résultat de la division le nom de quotient, qui veut dire combien de fois ; c'est-à-dire qu'il indique combien de fois le diviseur est contenu dans le dividende.

De ces définitions de la division découlent naturellement les remarques suivantes :

1° Que plus le dividende est grand, plus il contient de fois le diviseur; par conséquent, plus le quotient est grand. **Si** donc on rend le dividende un nombre de fois plus grand sans changer le diviseur, le quotient deviendra le même nombre de fois plus grand.

2° **Plus** le diviseur est petit, plus il est contenu de fois dans le dividende, plus, par conséquent, le quotient est grand. Ainsi, si l'on rend le diviseur un nombre de fois plus petit, le quotient deviendra le même nombre de fois plus grand.

3° **Plus** le dividende est petit, moins il contient le diviseur, plus le quotient est petit; en rendant le dividende un nombre de fois plus petit, **on rend** donc le quotient le même nombre de fois plus petit.

4° **Plus** le diviseur est grand, moins il est contenu dans le dividende, plus le quotient est petit; ainsi, pour rendre le quotient un nombre de fois plus petit, il faudra rendre le diviseur le même nombre de fois plus grand.

5° **D'**après ces remarques, on voit que le quotient ne doit pas changer de valeur, lorsqu'on rend le dividende et le diviseur le même nombre de fois plus grands ou plus petits. **Ex.** : qu'on ait 12 à diviser par 3; le quotient est 4 : si l'on multiplie 12 et 3 par 6, on aura 72 et 18, qui donnent encore 4 pour quotient.

Mais qu'on ait 48 à diviser par 8, le quotient sera 6 : si l'on divise chacun de ces nombres par 4, on aura 12 à diviser par 2, dont le quotient est encore 6. **Ces** exemples justifient ce qui vient d'être dit. **Nous** laissons au lecteur à faire la démonstration, qu'il pourra prendre dans les remarques précédentes.

Tous les quotiens d'un ou de deux chiffres au plus, par un seul chiffre, se connaissent au moyen de la table de multiplication, parce que cette table renferme tous les produits des neuf premiers nombres, ainsi que leurs facteurs. Ex.: si l'on a à diviser 52 par 4, on voit dans la table de multiplication, p. 33, que 32 a pour facteurs 8 et 4; comme 4 est le diviseur, il s'ensuit que 8 est le quotient; c'est le cas le plus simple. Mais si l'on avait 52 à diviser par 7, en cherchant dans la table on ne trouve aucune case correspondante à 7 qui contienne 52. On voit alors que 7 ne divise pas 52 exactement; le quotient en nombre entier dans ce cas ne peut être qu'approché; pour trouver ce dernier on cherchera dans la 7ᵉ colonne verticale le nombre au-dessous de 32 qui en approche le plus ; on trouve 28 qui correspond en même temps au chiffre 4 de la 1ʳᵉ colonne, et ce 4 est le quotient cherché. Encore un exemple : cherchons le quotient de 57 par 9. En parcourant la 9ᵉ colonne, nous trouvons 54 qui correspond à 6 de la 1ʳᵉ; ainsi 6 est le quotient de 57 par 9 en nombre entier.

<h3 style="text-align:center">EXERCICES.</h3>

Qu'est-ce que la division ? —— Qu'est-ce que le dividende? —— Qu'est-ce que le diviseur ?—- Le quotient?—— Comment appelle-t-on le diviseur et le quotient pris ensemble? —— Que devient le quotient si l'on rend le dividende plus grand? — Plus petit?— Que devient le quotient si l'on rend le diviseur plus grand? — Plus petit? — Que devient le quotient lorsqu'on rend le dividende et le diviseur le même nombre de fois plus grands? — Plus petits? Cherchez dans la table le quotient de 36 divisé par 4; de 44 divisé par 6; de 65 par 7.

TREIZIÈME LEÇON.

Pour diviser un nombre composé par un nombre simple, par ex.: 4564 par 4, on procède de cette manière: on écrit le diviseur à la droite du dividende en les séparant par un trait; on souligne le diviseur, sous lequel on écrit de gauche à droite les chiffres du quotient; puis on commence à chercher, au moyen de la table de multiplication, combien de fois le diviseur 4 est contenu dans le premier chiffre à gauche du dividende qui est 4; on trouve qu'il y est contenu une fois; on met donc 1 au quotient. Ensuite on multiplie le diviseur par ce premier quotient partiel, et l'on soustrait le produit du premier dividende partiel. Puis on abaisse le chiffre suivant qui est 5; et l'on cherche de nouveau combien de fois le diviseur y est contenu, et l'on trouve qu'il y est aussi contenu une fois; mais par la soustraction on voit qu'il reste 1. A côté de ce reste on abaisse le chiffre suivant, ce qui alors fait 16, qu'on divise encore de la même manière, et l'on obtient le quotient partiel 4; et comme 4 fois 4 font juste 16, on n'obtient pas de reste par la soustraction; enfin on abaisse le chiffre 4, et en procédant de la même manière, on obtient 1 pour dernier quotient partiel *.

---

* DÉMONSTRATION. 1141 est le quotient de 4564 divisé par 4; car le chiffre 1 à gauche du quotient, qui représente mille, indique que le diviseur 4 est contenu mille fois dans les mille du dividende; le chiffre 1 qui se trouve au rang des centaines du quotient fait connaître que le diviseur 4 est contenu 100 fois dans les centaines du dividende. Le

$$
\begin{array}{r|l}
\textit{Dividende}..\ 4564 & 4\ \textit{Diviseur.} \\
4... & \overline{1141\ \textit{Quotient.}} \\
\hline
.5.. & \\
4.. & \\
\hline
,16. & \\
16. & \\
\hline
..4 & \\
4 & \\
\hline
0\ \textit{Reste.} &
\end{array}
$$

EXERCICES.

$$
\begin{array}{r|l}
834625 & 5 \\
5..... & \overline{166925} \\
\hline
33.... & \\
30.... & \\
\hline
.34... & \\
30... & \\
\hline
.46.. & \\
45.. & \\
\hline
.12. & \\
10. & \\
\hline
.25 & \\
25 & \\
\hline
00\ \textit{Reste.} &
\end{array}
\qquad
\begin{array}{r|l}
248543 & 6 \\
24.... & \overline{41423} \\
\hline
..8 & \\
6 & \\
\hline
25 & \\
24 & \\
\hline
.14 & \\
12 & \\
\hline
.23 & \\
18 & \\
\hline
.5\ \textit{Reste.} &
\end{array}
\qquad
\begin{array}{r|l}
354978 & 9 \\
27.... & \overline{39442} \\
\hline
.84 & \\
81 & \\
\hline
.39 & \\
36 & \\
\hline
.37 & \\
36 & \\
\hline
.18 & \\
18 & \\
\hline
00\ \textit{Reste.} &
\end{array}
$$

chiffre 4 des dixaines du quotient indique que le diviseur
est contenu 40 fois dans les dixaines du dividende; enfin
le dernier chiffre 1 du quotient indique que le diviseur est

EXERCICES.

Comment procède-t-on pour diviser un nombre composé par un nombre simple? — Lorsqu'on a trouvé le quotient d'un dividende partiel, que faut-il faire? — Qu'indique chacun des chiffres du quotient?

QUATORZIÈME LEÇON.

Pour diviser l'un par l'autre deux nombres composés de plusieurs chiffres : par ex.: 264366 par 342, on cherche combien de fois le chiffre 3 du diviseur est contenu dans le premier ou les deux premiers chiffres du dividende, qui sont 26, et l'on trouve qu'il y est à peu près 7 fois, relativement aux autres chiffres qui l'accompagnent. Avec ce quotient partiel 7 on multiplie tout le diviseur, et l'on soustrait le produit obtenu, qui est 2394, des premiers chiffres 2643 du dividende, dont le reste est 249; puis on abaisse à côté de ce reste le chiffre 6 qui suit, ce qui produit le second dividende partiel 2496, à l'égard duquel on opère comme sur le premier, et, la soustraction faite, on a 102 pour reste; on abaisse le dernier chiffre 6 du dividende, et l'on opère sur ce troisième de même que sur les autres.

---

contenu 1 fois dans les unités simples du quotient. Puisque chacun des chiffres du quotient indique combien de fois le diviseur est contenu dans chacun des chiffres correspondans du dividende, on peut conclure que le quotient entier indique combien de fois le diviseur est contenu dans tout le dividende.

$$\begin{array}{r|l} 264366 & 342 \\ 2394.. & \overline{773} \\ \hline .2496 & \\ 2394 & \\ \hline .1026 & \\ 1026 & \\ \hline 0000 \ \textit{Reste.} & \end{array}$$

QUINZIÈME LEÇON.

Il arrive très souvent que dans la division il y a un reste à la fin, c'est-à-dire qu'il reste un nombre qu'on ne peut plus diviser par le diviseur indiqué. On n'a alors que le quotient en nombre entier. Le reste doit encore être divisé par le diviseur indiqué ; mais comme ce diviseur n'y est pas contenu, on ne peut qu'indiquer la division en écrivant à la suite du quotient le reste au-dessus du diviseur et séparé par un trait. Cette manière d'écrire les nombres s'appelle fraction. Elle indique que le diviseur est contenu une partie de fois dans le reste du dividende ; en écrivant cette partie de fois à la suite du quotient, on aura le quotient exact. Exemple :

$$\begin{array}{r|l} 264356 & 345 \\ 2415.. & \overline{766\frac{86}{345}} \\ \hline .2285 & \\ 2070 & \\ \hline ..2156 & \\ 2070 & \\ \hline 86 \ \textit{Reste.} & \end{array}$$

Reste. Et s'énonce 86 trois cent
Diviseur. quarante cinquièmes.

EXERCICES.

Le diviseur est-il toujours contenu exactement dans le dividende? — Dans le cas où la division laisse un reste, le quotient est-il exact? — Comment fait-on pour compléter le quotient d'une division qui a laissé un reste? — Comment s'appelle ce complément du quotient?

SEIZIÈME LEÇON.

Souvent un dividende partiel ne contient pas le diviseur : dans ce cas, on met un zéro au quotient, et l'on abaisse le chiffre suivant; et, en général, on met un zéro au quotient chaque fois que le diviseur n'est pas contenu dans le dividende partiel où l'on a abaissé un chiffre.

EXEMPLE.

```
4520024 | 43
43..... | 100465
 ..200
  172
   .282
   258
    .244
    215
     .29 Reste.
```

EXERCICES.

Quel est le quotient d'un dividende partiel qui ne contient pas le diviseur? — Dans ce cas que faut-il faire?

DIX-SEPTIÈME LEÇON.

Dans la leçon onzième, n° 1 de cette section,

on a vu qu'un nombre entier est multiplié 10 , 100 ,
1000, etc., fois, quand on met à sa droite un,
deux et trois, etc., zéros. Donc, on rend nécessairement un nombre, terminé par des zéros, 10 fois,
100 fois, 1000 fois plus petit, c'est-à-dire qu'on le
divise par 10, 100, 1000, etc., en ôtant sur sa
droite un, deux, trois zéros. Par ex. : le nombre
35000 est divisé par 10, ou devient 10 fois plus
petit, quand on en ôte un zéro ; il est divisé par 100,
si l'on en ôte deux zéros ; par 1000, en ôtant trois
zéros ; car, par ces changemens, il est réduit à 3500,
à 350 et à 35.

Si le diviseur et le dividende ont des zéros à droite,
on peut en effacer à chacun un nombre égal sans
que la valeur du quotient soit changée (leçon 12ᵉ,
remarque 5ᵉ), et faire ensuite la division, comme à
l'ordinaire, avec les nombres qui restent. Exemple:
Diviser 560000 par 9000.

$$
\begin{array}{r|l}
560 & 9 \\
\hline
56 & 40 \\
\hline
\end{array}
\qquad
\begin{array}{r|l}
560\cancel{000} & 9\cancel{000} \\
\hline
56 & 40 \\
\hline
\end{array}
$$

..0 *Reste.*   ..0 *Reste.*

Si le diviseur seul contient des zéros à droite,
on les souligne contre un nombre égal de chiffres à
la droite du dividende, et l'on fait la division avec
les chiffres non soulignés. Il en résulte l'avantage
de ne pas répéter si souvent les zéros. Exemple:

$$
\begin{array}{r|l}
623524. & 25300 \\
\hline
506. & 24\tfrac{16524}{25500} \\
\hline
1175 & \\
1012 & \\
\hline
\end{array}
$$

16524 *Reste.*

EXERCICES.

Comment divise-t-on par 10, 100, 1000, etc., un nombre terminé par des zéros? — Si l'on retranche deux zéros à la droite d'un nombre, que devient-il? — Pourquoi le quotient ne change-t-il pas de valeur lorsqu'on retranche à la droite du dividende et du diviseur le même nombre de zéros? — Comment peut-on abréger la division de deux nombres qui sont terminés par des zéros? — Donnez des exemples?

DIX-HUITIÈME LEÇON.

Dans la septième leçon, section 1re, nous avons vu comment on multiplie et on divise un nombre décimal par 10, par 100, par 1000 : nous conclurons des conséquences de cette leçon, qu'un nombre est nécessairement divisé par 10, par 100, par 1000, lorsqu'on avance le point d'autant de places vers la gauche qu'il y a de zéros à la suite de 1 dans le diviseur. Ainsi, pour diviser un nombre entier par 10, on n'a qu'à porter le point dans le rang immédiatement à gauche.

EXERCICES.

Quel est le quotient de 5835 par 10? — Quel est le quotient 583.5 par 10? — Quel est le quotient de 58.35 par 100? — Quel est le quotient de 5.835 par 1000? — Quel est le quotient de 0.5835 par 10? — Quel est le quotient de 5.835 par 10.000?

REMARQUE. Dans le cas où le diviseur consiste dans l'unité suivie d'un ou de plusieurs zéros, on retranche simplement à droite du nombre autant de chiffres qu'il y a de zéros après l'unité du diviseur; et si le nombre ne contenait pas autant de rangs de chiffres qu'on en devrait retrancher suivant les zéros du diviseur, on les complète par des zéros.

Quel est le quotient de 45 par 1000? — Quel est le quotient de 356 par 100000?

DIX-NEUVIÈME LEÇON.

Lorsque dans la division de deux nombres entiers il y a un reste, et qu'on veut avoir le quotient exact, il faut, pour pouvoir continuer la division, convertir ce reste en parties décimales de l'unité, c'est-à-dire en dixièmes, centièmes, millièmes, etc.; ce qui se fait en multipliant ce reste par 10, 100, 1000, etc.; mais comme, dans ce cas, le dividende sera rendu 10, 100 ou 1000 fois, etc., plus grand, il faudra séparer sur la droite du quotient total, autant de chiffres qu'on aura ajouté de zéros au reste; et ce, pour conserver au quotient son exactitude (leçon 12, n° 1.) On opère de la même manière lorsque le diviseur est plus grand que le dividende. Exemple :

$$
\begin{array}{r|l}
36 & 5 \\
35 & \overline{7.2} \\
\hline
.10 & \textit{Reste réduit en dixièmes.} \\
10 & \\
\hline
00 &
\end{array}
$$

AUTRE EXEMPLE.

$$\begin{array}{r|l} 6463 & 34 \\ 54 & 190.088235 \\ \hline 306 & \\ 306 & \\ \hline \end{array}$$

Reste qu'on réduit en centièmes..   300
                                      272
                                      ———
Id.,   en millièmes...   280
                                 272
                                 ———
Id.,   en dixmillièmes.. 80
                                 68
                                 ———
Id.,   en centmillièmes.. 120
                                 102
                                 ———
Id.,   en millionièmes.. 180
                                 170
                                 ———
                                 10

On voit par ce dernier exemple qu'il est souvent impossible d'effectuer la division sans reste. Dans ce cas, on procède aussi long-temps qu'on veut, et l'on néglige le dernier reste.

EXERCICES.

Que faut-il faire pour pouvoir continuer la division qui a laissé un reste ? — Si l'on multiplie le reste par 100, que faudra-t-il faire au quotient ? — Pourquoi faut-il retrancher, sur la droite du produit, autant de chiffres qu'on a ajouté de zéros au reste.

VINGTIÈME LEÇON.

Si le dividende contient plus de chiffres décimaux que le diviseur, on opère sans avoir égard au point ; on sépare seulement, sur la droite du quotient, autant de chiffres qu'il y a de chiffres décimaux de plus dans le dividende que dans le diviseur ; parce que, dans ce cas, le dividende étant rendu 10, 100 ou 1000 fois plus grand, le quotient est devenu le même nombre de fois plus grand : pour lui conserver son exactitude, il faudra donc le rendre 10, ou 100, ou 1000, etc., fois plus petit.

Exemple : 54.248 à diviser par 4.5.

```
54248 | 45
  45  | 12.05
  ——
   .92
   90
   ——
    .248
    225
    ———
     23 etc.
```

D. Quel est le quotient de 0.000476 par 0.034 ?

R. On réduit l'opération à 0.476 par 34, et sur la droite du quotient trouvé, on sépare trois chiffres.

```
0.476 | 34
   34 | 14 autrement 0.014.
  ———
   136
   136
   ———
   000
```

Si le dividende et le diviseur contiennent le même nombre de chiffres décimaux, on opère sans faire attention au point ; et il n'y aura rien à changer au quotient. (Leçon 12, n° 5.) Exemple : 106.325 à diviser par 4.235 :

$$\begin{array}{r|l} 106325 & 4235 \\ 8470 & 25 \\ \hline 21625 & \\ 21175 & \\ \hline 450 & \end{array}$$

Si le diviseur contient plus de chiffres décimaux que le dividende, on en fait le même nombre dans celui-ci en ajoutant autant de zéros à sa droite qu'il y a de chiffres décimaux de plus dans le diviseur, et on opère encore sans avoir égard au point (leçon 12ᵉ, n° 5, et leçon 7ᵉ, 1ʳᵉ section, n° 7.)

EXERCICES.

Comment fait-on la division lorsque le dividende a plus de chiffres décimaux que le diviseur ? — Pourquoi, dans ce cas, faut-il retrancher autant de chiffres sur la droite du quotient qu'il y a de décimales de plus dans le dividende que dans le diviseur ? — Pourquoi n'y a-t-il rien à changer au quotient d'une division dont le dividende et le diviseur ont le même nombre de chiffres décimaux, et cependant sans qu'on ait fait attention au point en divisant ? — Lorsque le diviseur contient plus de chiffres décimaux que le dividende, pourquoi faut-il en faire autant dans le dividende en ajoutant des zéros ?

VINGT-UNIÈME LEÇON.

Nous avons vu que le diviseur est le nombre qui est contenu dans un autre. *S'il est contenu sans reste dans deux ou plusieurs nombres,* alors on le nomme *diviseur commun à ces nombres.* Ex.: le nombre 4 est le diviseur commun des nombres 8 et 12 ; 2 est aussi diviseur commun de ces mêmes nombres, parce qu'il y est contenu sans reste aussi bien que 4. Le nombre 3 est le diviseur commun de 3, 6, 9, 12, 15, parce qu'il y est contenu sans reste.

Remarquez donc que, si le diviseur et le dividende renferment tous les deux un même diviseur commun, on peut, sans rien changer au quotient, le simplifier, c'est-à-dire les exprimer par de plus petits nombres, en les divisant par le diviseur commun. Soit proposé de diviser 72 par 18. Comme chacun de ces nombres est multiple de 9, c'est-à-dire comme chacun contient le nombre 9 sans reste, on peut les diviser par ce même nombre et en faire un nouveau dividende et un nouveau diviseur, et l'opération donnera le même quotient que de 72 par 18.

72 par 9=8; 18 par 9=2. Donc 8 est le nouveau dividende et 2 le nouveau diviseur.

$$\begin{array}{r|l} 8 & 2 \\ \hline 8 & 4 \\ \hline 0 & \end{array} \qquad \begin{array}{r|l} 72 & 18 \\ \hline 72 & 4 \text{ même quotient.} \\ \hline 00 & \end{array}$$

(Voyez vingt-troisième leçon : *Moyens de réduire les nombres.*)

EXERCICES.

Comment appelle-t-on un nombre qui en divise plusieurs autres exactement? — Quel est le diviseur commun des nombres 24, 16, 8?

VINGT-DEUXIÈME LEÇON.

PREUVES DES QUATRE OPÉRATIONS.

Preuve de l'Addition.

Pour faire la preuve de l'addition, on retranche

le premier des nombres dont elle est composée ; on
commence de nouveau à additionner les autres
nombres , et puis on soustrait la nouvelle somme de
la somme totale ; le résultat de la soustraction doit être
le même nombre que celui qu'on a retranché.

Il est clair qu'en retranchant tout autre nombre
que le premier, la preuve s'opère également, parce
que tous les nombres d'une addition sont les parties
de la somme. Exemple :

$$
\begin{array}{ll}
\begin{array}{r}
2455 \\
\hline
6255 \\
5244 \\
7928 \\
\hline
19880 \\
17427 \\
\hline
2453
\end{array}
&
\begin{array}{r}
4323 \\
5561 \\
\hline
4255 \text{ nombre retranché.} \\
\hline
3426 \\
\hline
15565 \\
11310 \\
\hline
4255 \text{ même nombre.}
\end{array}
\end{array}
$$

Preuve de la Soustraction.

Pour faire la preuve de la soustraction, on ajoute
le reste au plus petit nombre , et si l'opération a été
bien faite , on doit retrouver le plus grand nombre
pour somme ; car le petit nombre = le plus grand, —
la différence ou reste ; si donc on ajoute le reste au
plus petit nombre, il égalera le plus grand.

Exemple.

$$
\begin{array}{lr}
\text{Du nombre}\ldots. & 63284 \\
\text{Soustraire}\ldots. & 25343 \\
\hline
\text{Reste}\ldots. & 57941 \\
\text{Preuve}\ldots. & 63284
\end{array}
$$

Preuve de la Multiplication.

Pour faire la preuve de la multiplication , il faut

diviser le produit par un de ses facteurs, et si l'o-
pération a été bien faite, on doit trouver l'autre facteur au quotient ; car le produit est formé de
l'un des facteurs répété autant de fois qu'il y a
d'unités dans l'autre ; si donc on soustrait du produit ce facteur autant de fois qu'il a été répété
pour former le produit, il ne devra pas y avoir
de reste.

Preuve.

```
   254          6096 | 24
    24            48 | 254
 ─────          ─────
  1016           129
   508           120
 ─────          ─────
  6096           ..96
                  96
                ─────
                  00
```

On peut aussi diviser 6096 par le multipliçande
254 ; et dans ce cas on trouve au quotient le multiplicateur 24. Car si 6096 est le produit exact de 254
par 24, il doit nécessairement contenir 24 fois le
multiplicande 254, et 254 fois le multiplicateur 24.

Preuve de la Division.

Pour faire la preuve de la division, il faut multiplier le quotient par le diviseur, et, si la division a
été bien faite, on doit avoir le dividende pour produit. Car le quotient indique combien de fois le
diviseur est contenu dans le dividende. Si l'on répète
le diviseur ce nombre de fois, le produit devra égaler le dividende, puisque ce diviseur sera contenu
dans le produit le même nombre de fois que dans le
dividende. Il faut encore observer que si dans la divi-

sion il y a un reste, il faudrait joindre ce reste au
produit du quotient par le diviseur. Exemple :

```
16510 | 35
 140  | 466          466
 231                  35
 210                ______
______               2350
 210                 1398
 210 Preuve. 16510 Divid. trouvé pour prod.
______
 000
```

AUTRE EXEMPLE.

```
4255 | 25            170
  25 | 170            25
_____              ______
 175                 850
 175                 540
_____              3 Reste ajouté.
...3 Reste.        ______
                   4253 Produit égal au dividende.
```

EXERCICES.

Comment fait-on la preuve de la division ? — A quoi
est égal le produit du diviseur par le quotient ? — Comment se fait la preuve de la multiplication ? — Quand
l'opération est bien faite, que doit-on avoir au quotient ?
— Comment fait-on la preuve de l'addition ? — Comment
fait-on la preuve de la soustraction ? — A quoi est égal le
plus grand nombre dans la soustraction ? — A quoi est égal
le plus petit nombre dans la soustraction ?

VINGT-TROISIÈME LEÇON.

MOYENS DE RÉDUIRE LES NOMBRES.

Il est d'un grand avantage, pour plusieurs opérations, de réduire les nombres que l'on combine à une plus simple expression, sans que leur résultat change de valeur. Tous les nombres ne sont pas susceptibles de réduction; car il y en a dont la division ne s'opère pas sans reste. Pour découvrir qu'un nombre est réductible, on se sert des moyens suivans :

1° Tout nombre terminé par un 0, ou par un chiffre pair, peut être divisé sans reste par 2.

2° Tout nombre terminé par un 0, ou par le chiffre 5, est divisible sans reste par 5.

3° Lorsque la somme des chiffres d'un nombre est divisible par 3, le nombre entier est réductible par 3. Ex. : le nombre 402513 est réductible par 3, parce que la somme de ses chiffres est 15, et par conséquent un multiple de 3.

4° Tout nombre, dont les deux derniers chiffres à droite, considérés comme un nombre particulier, sont réductibles par 4, est lui-même réductible par 4. Ex. : les deux derniers chiffres de 345632, considérés comme nombre particulier, sont 32, et divisibles sans reste par 4; donc le nombre entier.

5° Lorsqu'un nombre est terminé par un chiffre pair, et que la somme de ses chiffres est divisible par 3, le nombre entier lui-même est réductible par 6.

6° Lorsque les trois derniers chiffres d'un nombre, considérés comme un nombre particulier, sont divisibles sans reste par 8, le nombre entier est réductible par 8. Ex. : les trois derniers chiffres de 546448 sont 448, et divisibles sans reste par 8; donc le nombre entier.

7° Lorsque la somme des chiffres d'un nombre est un multiple de 9, comme 18, 27, 36, 45, etc., le nombre lui-même est réductible par 9. Ex. : la somme des chiffres de 4653297 est 36, un multiple de 9 ; donc le nombre entier se laisse réduire sans reste par 9.

EXERCICES.

Comment connaît-on qu'un nombre est divisible par 2, par 3, par 4, par 6, par 8, par 9 ?

Section troisième.

PREMIÈRE LEÇON.

DES DIFFÉRENTES ESPÈCES DE NOMBRES ET DE LEURS VALEURS.

On applique aux nombres les noms de toutes les choses qui se comptent ; par exemple : les noms de mesures, monnaie, poids, temps, etc.

DES ANCIENNES MESURES.

Les anciennes mesures de la France variaient d'une contrée à l'autre, parce que leurs unités n'étaient pas généralement fixées. On se servait principalement,

1° *Pour les Monnaies.*

De la livre tournois, qui était subdivisée en sous et deniers.

$$1 \text{ Livre} = 20 \text{ sous} = 240 \text{ deniers.}$$
$$1 = 12 \text{ deniers.}$$

La livre tournois s'indique par ce signe ʺ.

2° *Pour les Longueurs.*

On se servait de la toise, qui était subdivisée en pieds, pouces, lignes, etc.

1 Toise = 6 pieds = 72 pouces = 864 lignes.

1 = 12 pouces = 144 lignes.

1 = 12 lignes.

On se servait encore de l'aune pour la mesure des étoffes.

1 aune = 3 pieds 7 pouces 10 lignes.

3° *Pour les Surfaces.*

On se servait de la toise carrée, c'est-à-dire d'une surface qui avait une toise en longueur et une en largeur. Elle était subdivisée en pieds carrés, en pouces carrés, en lignes carrées.

1 Toise carrée = 36 pieds car. = 5184 pouces car.

= 746496 lignes car.

1 = 144 pouces carrés = 20736 lign. car.

1 = 144 lignes car.

4° *Pour les Liquides.*

On se servait du foudre, de la mesure, qui n'avaient aucune subdivision fixée ; car ces mesures variaient presque d'un village à l'autre.

5° *Pour les Poids.*

On se servait du quintal, qui était subdivisé en livres pesant, onces, gros et grains.

1 Quintal = 100 livres = 1600 onces = 12800 gros = 921600 grains

1 = 16 onces = 128 gros = 9216 gr.

1 = 8 gros = 576 grains

1 gros = 72 grains.

5*

La livre (poids) se représente par ces lettres ℔ (libra), l'once par ℥, le gros par ℨ, et le grain par 9.

6° *Pour le Temps.*

On se servait de l'année, subdivisée en mois, jours, heures, minutes, secondes, etc.

1 Année $=$ 12 mois ou 365 jours

$$1 = 24 \text{ heures} = 1440'$$
$$1 = 60 \text{ mi.} = 3600''$$
$$1 = 60''$$

La minute s'indique par une virgule au-dessus et à droite du nombre; 4' indique 4 minutes. La seconde par 2 virgules; la tierce par 3.

EXERCICES.

Qu'était-ce que la livre tournois? — Comment se subdivisait-elle? — Combien la toise valait-elle de pouces? — De lignes? — Combien y avait-il de lignes dans un pied? — A quoi servait l'aune? — Quelle était la valeur de l'aune? — Qu'est-ce qu'on entendait par toise carrée? — Quelle était la valeur de la toise carrée en pieds, pouces, lignes? — Comment se subdivisait la livre (poids)? — Combien y avait-il de gros dans la livre? — De grains? — Quelle était la mesure du temps? — Combien y a-t-il de minutes dans un jour? — Comment écrit-on 10 minutes?

DEUXIÈME LEÇON.

DES NOUVELLES MESURES.

Les nouvelles mesures de la France offrent beaucoup plus d'avantages que les anciennes; car 1° les calculs de ces nouvelles mesures sont basés sur le système décimal, ainsi que leurs subdivisions. 2° Elles ont leur principe dans la nature même. 3° Elles sont uniformes dans toute la France, au lieu que les anciennes variaient infiniment, et que tout instruit qu'on fût, on ne pouvait pas les connaître toutes.

Les unités principales du nouveau système sont au nombre de six : le mètre, l'are, le stère, le litre, le gramme et le franc. (Voyez 6e leçon, section 1re.)

1° *Mesures de Longueur.*

Le *mètre* est l'unité de longueur ; c'est la dixmillionième partie du quart du méridien de notre globe. Ses espèces supérieures sont : le décamètre, l'hectomètre, le kilomètre, le myriamètre. Les espèces inférieures : décimètre, centimètre, millimètre.

On se sert de l'unité et de toutes ses divisions, excepté l'hectomètre.

Le mètre remplace la toise et l'aune de l'ancien calcul.

Il vaut 5 pieds 11 lignes et 296 millièmes de ligne ; ou en décimales : 3.078444 pieds.

2° *Mesures de Superficie.*

L'*are* est l'unité de superficie ou de mesure agraire ; c'est un décamètre carré. Ses espèces supérieures sont : décare, hectare, kilare, myriare. Les inférieures : déciare, centiare, milliare.

On ne se sert jusqu'à présent que de l'are unité et de trois de ses divisions, savoir : l'hectare, le myriare et le centiare.

L'are remplace la toise carrée de l'ancien calcul, il vaut 26 toises carrées 324 millièmes de toise carrée, ou 26.324 toises carrées.

3° *Mesures de Solidité.*

Le *stère* est l'unité de volume ; c'est un mètre

cube (*on entend par* cube *un corps terminé par six carrés égaux, comme un dé à jouer*); il sert à mesurer les bois, les pierres et tous les corps. Ses espèces supérieures et inférieures sont les mêmes que celles des mesures précédentes du nouveau système.

On ne se sert que du *stère* et du *décistère*. Il remplace la corde et la solive, pour le bois, dans l'ancien calcul. Il vaut 29 pieds cubes, 172 millièmes de pied cube.

4° *Mesures de Capacité.*

Le *litre* est l'unité de capacité; c'est un *décimètre cube*. Il sert à mesurer les liquides et les grains. Ses divisions sont les mêmes que celles des mesures précédentes.

On ne se sert que du litre, du décalitre, de l'hectolitre et du kilolitre.

Le litre remplace, pour les grains, le litron; le décalitre remplace le boisseau; l'hectolitre remplace le setier; et le kilolitre remplace le muid. Dans les liquides, le litre remplace la pinte ou bouteille; l'hectolitre remplace la mesure.

Le litre contient 50 pouces cubes, 412 millièmes de pouce cube.

5° *Poids.*

Le *gramme* est l'unité de poids; sa pesanteur est égale à celle de la millième partie d'un litre d'eau distillée, ou un centimètre cube d'eau. Ses divisions sont celles des mesures précédentes. On ne se sert que des divisions supérieures et de l'unité.

Le gramme remplace le grain de l'ancien calcul; le décagramme remplace l'once; le kilogramme remplace la livre, et le myriagramme remplace le quintal.

Le gramme pèse 18 grains 827 millièmes de grain, ou 18.827.

6° *Monnaies.*

Le *franc* est l'unité des monnaies. C'est une pièce d'argent du poids de cinq grammes, dont $\frac{1}{10}$ d'alliage et $\frac{9}{10}$ d'argent pur.

On ne se sert que du franc et des espèces inférieures, déci et centifrancs, qu'on appelle *décime* et *centime.*

Le franc remplace la livre tournois ; le décime remplace le sou, et le centime le denier.

Le franc vaut 20 sous 3 deniers de l'ancienne monnaie, ou 80 francs valent au juste 81 livres. (Voyez le tableau, 6ᵉ leçon, section 1ʳᵉ.) Le tableau suivant fera encore mieux connaître la valeur des espèces du système métrique.

REMARQUE. Les signes dont on se sert pour désigner les unités du nouveau système, sont la première lettre de leurs noms. Exemple : 4ᵃ signifie 4 ares. Pour les multiples on met leur première lettre avant celle des unités principales. Exemple : 4ᴷᴸ, signifie 4 kilolitres, et 3ᶜᵐ, signifie 3 centimètres. Mais comme les mots *myria* et *milli, déca* et *déci* commencent par de mêmes lettres, alors, pour ne pas les confondre, on se sert de lettres majuscules pour les espèces supérieures et de petites lettres pour les espèces inférieures. Exemples : 5ᴰᴹ sont 5 décamètres, et 5ᵈᵐ, signifie 5 décimètres.

Indiquant les valeurs réciproques des mots empl...
calcul des nombres décim...

NOMS des multiples et des sous-multiples.	en myria ou 10000 { mètre. are. litre. gram.	en kilo ou 1000 { mètre. » litre. gramme. »	en hecto ou 100 { mètre. are. » litre. gramme. »	en déca ou 10 { mètre. stère. litre. gram... »
Myria vaut.	1	10	100	1000
Kilo vaut. .	0,1	1	10	100
Hecto vaut.	0,01	0,1	1	10
Déca vaut. .	0,001	0,01	0,1	1
Unité ou mètre, are, stère, litre, gram., franc, vaut	0,0001	0,001	0,01	0,1
Déci vaut. .	0,00001	0,0001	0,001	0,01
Centi vaut..	0,000001	0,00001	0,0001	0,001
Milli vaut. .	0,0000001	0,000001	0,00001	0,0001
Dixmil. vaut	0,00000001	0,0000001	0,000001	0,00001

JAU

…s le *système métrique* (poids et mesures), *et dans le*
…fractions décimales.

…EURS.

en mèt. arc stère litre gra. franc } ou unités	en déci ou dixième de } mètre » stère. litre. gram.	en conti ou centièm de } mètre are. » litre. gram.	en milli ou millièm. de } mètre » » » »	en dixmilli ou dixmilliè } » » » »
0000	100000	1000000	10000000	100000000
000	10000	100000	1000000	10000000
100	1000	10000	100000	1000000
10	100	1000	10000	100000
1	10	100	1000	10000
0,1	1	10	100	1000
0,01	0,1	1	10	100
0,001	0,01	0,1	1	10
0,0001	0,001	0,01	0,1	1

*Voici quelques indications sur la manière
de se servir de ce tableau.*

Veut-on connaître la valeur du kilo en centi?

En parcourant la colonne horizontale kilo jusqu'à la rencontre de la colonne verticale centi, la
case qui correspond à ces colonnes indique que le
kilo $=100000$ centi, ou que 1000 unités $=100000$
centièmes.

Veut-on, au contraire, connaître la valeur du
déci en hecto?

En suivant la colonne horizontale déci jusqu'à la
rencontre de la colonne verticale hecto, on trouvera à la case correspondante aux colonnes, $0,001$,
qui indique que le déci est la millième partie du
hecto, ou que $0,1 = 0,001$ d'une centaine.

On veut déterminer le prix de 25 kilo d'une
certaine chose, le déca coûtant 3 francs.

Le tableau indique que 1 kilo $=100$ déca; ainsi
25 kilo $=2500$ déca qui $\times 3 = 7500$.

Qu'on veuille connaître le prix de $0,4$, le myria
coûtant 60 francs.

Comme le tableau indique que $0,1 = 0,00001$
de myria, on en conclut que $0,4 = 0,00004$ de
myria, et en multipliant 60 francs par ce nombre,
le résultat $0,00240$ est bien le prix des $0,4$.

EXERCICES.

Quels sont les avantages qu'offrent les nouvelles mesures? —— Quelles sont les unités principales des nouveaux poids et mesures? —— Qu'est-ce que le mètre? ——
A quoi est-il égal? —— De quoi est-il formé? —— Qu'est-
ce que l'are? —— A quoi sert-il? —— A quoi est-il égal?
—— Qu'est-ce que le stère? —— A quoi sert-il? —— Quelle
est sa valeur en ancienne mesure? —— Comment appelle-

t-on la nouvelle mesure des grains et des liquides? ——
Quel est son volume? —— Qu'est-ce que le gramme? ——
—— Quel est le type du gramme? —— Quelle est la valeur du gramme en ancien poids? —— Qu'est-ce que le
franc? —— Comment se nomment les sous-multiples, ou
parties décimales du franc? —— Combien le franc vaut-il en
ancienne monnaie? —— Quelle différence y a-t-il entre
déca et déci? —— Quelle est la valeur d'un hectomètre
en décimètres? —— Du décigramme en kilogrammes? ——
Du hectare en centiares? —— Du franc en décimes?

TROISIÈME LEÇON.

CONVERSION DES DIFFÉRENTES ESPÈCES SUPÉRIEURES
EN ESPÈCES INFÉRIEURES, DANS L'ANCIEN SYSTÈME.

Pour réduire un nombre d'une espèce supérieure
en un autre nombre d'espèce inférieure de même
nature, par exemple : 25 livres en onces, il faut
multiplier le nombre donné par le nombre de fois
que l'espèce inférieure est contenue dans une unité
de l'espèce supérieure qu'on veut réduire. Ainsi,
pour réduire 25 livres pesant en onces, on multiplie 25 par 16, parce qu'une livre contient 16 onces.

Mais si l'on veut réduire, par exemple : 15 livres
en grains, il faut procéder successivement d'une espèce à celle qui suit immédiatement après, jusqu'à
ce qu'on arrive à la dernière qu'on s'est proposée.
Il faudrait donc convertir les livres par 16 en onces ;
celles-ci par 8 en gros, et les gros par 72 en grains.
Exemple :

1° 40 quintaux, combien font-ils de livres pesant?
2° Combien d'onces contiennent 45 livres pesant?

4

3° Combien 54 livres font-elles de gros?

1°	40	2°	45	3°	54
	100		16		16

Rép... 4,000   270   324

45   54

Rép... 720   864 onces.

8

Rép.... 6912 gros.

1° Cinq quintaux combien font-ils de grains?

2° Six livres + 8 onces, + 2 gros, + 30 grains, combien font-ils de grains?

1°	5	2°	6
	100		16

500 livres.   96

16   8 onces ajoutées.

8,000 onces.   104 onces.

8   8

64,000 gros.   832

72   2 gros ajoutés.

128,000   834 gros.

448   72

Rép. 4,608 000 grains.   1668

5838

30 grains ajoutés.

Rép.... 60078 grains.

1° Combien de jours y a-t-il en 5 ans?

2° Combien de minutes y a-t-il en 5 ans 25 jours 15 heures 24 minutes?

1°

$$
\begin{array}{cc}
35 & 365 \\
365 & 55
\end{array} \ ou
$$

1825
1095

Rép .... 12775 jours.

2°

5
365

1825
25 jours ajout.

1850 jours,
24

7400
3700
15

44415 heures.
60

2664900
24

2664924 minutes.

EXERCICES.

Comment convertit-on les unités d'espèce supérieure en unités d'espèce inférieure, dans l'ancien système des poids et mesures? —— Convertir 34 toises en pouces? —— 18 livres en gros? —— 25 jours en minutes?

QUATRIÈME LEÇON.

RÉDUCTION DES ESPÈCES INFÉRIEURES EN ESPÈCES SUPÉRIEURES, DANS L'ANCIEN SYSTÈME.

De même que l'on convertit les unités d'espèce supérieure en unités d'espèce inférieure *par la multiplication,* de même on réduit, *par la division,* les unités d'espèce inférieure en unités d'espèce supérieure. Ainsi, pour convertir des unités d'espèce inférieure en unités d'espèce supérieure, il faut les diviser par le nombre qui indique combien les unités de sous-espèces sont contenues dans une unité de l'espèce dans laquelle on veut les convertir.

Combien de toises font 5654825 lignes?

```
5654825 lig.  ⎰  864 lig. valeur de la toise.
                ⎱  ─────────
  5184           6521

  .4508
  4520

   .1882
   1728

    .1545
     864
```

Reste. 681 lig. ⎰ 144 lig. valeur du pied.
                   ⎱ ─────────
  576   4

Reste. 105 lig. ⎰ 12 lig. valeur du pouce.
                  ⎱ ─────────
   96   8

Reste. .09 lignes.

Ainsi, 563482 lignes = 6521 toises 4 pieds 8 pouces 9 lignes.

On opérera d'une manière analogue sur les autres espèces, et si l'on veut les évaluer en parties de la toise, c'est-à-dire en pieds, pouces, on divisera le reste des toises par 144 qui est la valeur du pied en lignes, et le reste des pieds par 12 qui est la valeur des pouces en lignes.

EXERCICES.

Comment fait-on pour convertir les unités d'espèce inférieure en unités d'espèce supérieure ? —— Convertir 5360 gros en livres ? —— 22756 pouces en toises ?

CINQUIÈME LEÇON.

CONVERSION DES UNITÉS SUPÉRIEURES EN UNITÉS INFÉRIEURES, DANS LE NOUVEAU SYSTÈME.

Si l'on veut convertir des unités supérieures du nouveau système, en unités d'espèce inférieure, il faut écrire, à droite des unités supérieures, autant de zéros qu'il y a de places depuis ces unités jusqu'à l'espèce inférieure dans laquelle on veut les convertir. Exemple : pour convertir 24 hectares en ares, on écrit deux zéros après 24 : pour compléter les places de déca et d'unités, et l'on a 2400 ares.

Cette règle est donc la même que celle de la section 2ᵉ, 11ᵉ leçon, n° 1 ; parce qu'une unité supérieure du nouveau système vaut toujours 10 unités de l'espèce inférieure suivante, excepté pour le mètre, lorsqu'il est carré ou cube, dont 1 vaut 100 décimètres carrés, ou 10000 centimètres carrés, etc. ; ou 100 carrés d'un décimètre de côté ; parce que le carré de 10 est 100, celui de 100 est 10000, celui de 1000 est 1000000, etc. ; et pour le mètre cube, dont 1 vaut 1000 décimètres cubes, ou 1000 cubes d'un décimètre de côté, etc.

EXERCICES.

Comment fait-on pour convertir les unités supérieures du système métrique en unités inférieures ? —— Que vaut un mètre cube en décimètres, en centimètres cubes ? —— Que vaut le décimètre carré en centimètres carrés ? —— Combien de centimes font 52 francs ? —— Combien de centimètres font 5 myriamètres ? —— Combien de litres font 80 kl. ? —— 345 myriagrammes combien font-ils de milligrammes ?

SIXIÈME LEÇON.

RÉDUCTION DES UNITÉS D'ESPÈCE INFÉRIEURE EN UNITÉS D'ESPÈCE SUPÉRIEURE, DANS LE NOUVEAU SYSTÈME.

Pour réduire des unités d'espèce inférieure en unités d'espèce supérieure, dans le nouveau système, il faut retrancher, sur la droite du nombre, autant de chiffres qu'il y a de places depuis l'espèce inférieure jusqu'à l'espèce supérieure, et s'il n'y a pas assez de chiffres, y suppléer par des zéros. Exemple : réduire 43652 centimètres en kilomètres ; on aura 0,^{km}. 43652 cent millièmes de kilomètre.

Cette règle est la même que celle de la 18ᵉ leçon, section 2ᵉ.

On voit donc que, pour convertir des unités d'espèce supérieure en unités d'espèce inférieure, dans le nouveau système, on procède de gauche à droite ; au contraire, pour réduire des unités d'espèce inférieure en supérieure, on procède de droite à gauche.

EXERCICES.

Comment fait-on pour convertir des unités d'une espèce inférieure en unités supérieures ? — D'après cette règle, comment pourrait-on convertir des centimètres carrés en mètres carrés ? — Combien 30 centimètres carrés valent-ils en mètres ? — Que faut-il faire pour convertir les décimètres cubes en mètres cubes ? — Convertissez 25 décimètres cubes en mètres cubes ?

Section quatrième.

PREMIÈRE LEÇON.

DES FRACTIONS.

Une fraction est une partie ou plusieurs parties de l'unité divisée en parties égales.

On exprime une fraction au moyen de deux nombres placés l'un au-dessus de l'autre, et séparés par un trait horizontal. Exemple : $\frac{5}{8}$ qu'on énonce cinq huitièmes.

Le nombre supérieur est appelé *numérateur*, et le nombre inférieur *dénominateur*. Ils sont les termes de la fraction.

Une fraction indique encore une division dont le numérateur est le dividende et le dénominateur le diviseur, et les deux pris ensemble le quotient.

Le dénominateur indique en combien de parties égales l'unité a été partagée, et le numérateur désigne combien on prend de ces parties. Ainsi dans la fraction $\frac{5}{8}$, le dénominateur 8 indique que l'unité a été partagée en huit parties égales, et le numérateur 5 signifie que l'on prend cinq de ces parties.

Le numérateur peut être plus petit, ou égal, ou plus grand que le dénominateur. Dans le premier cas, c'est une fraction proprement dite, parce qu'on ne prend pas toutes les parties de l'unité. Dans les second et troisième cas, ce n'est pas une *fraction*, parce qu'on prend, ou précisément toutes les parties de l'unité, ou plus de parties qu'elle n'en renferme ; une telle fraction est comprise sous le nom d'*expression fractionnaire*. Exemple : $\frac{6}{6}$, $\frac{8}{5}$, $\frac{12}{8}$.

Pour connaître une expression fractionnaire et extraire les unités qu'elle contient, on n'a qu'à diviser le numérateur par le dénominateur, le quotient indiquera les unités. Exemple : $\frac{24}{6}$; en divisant 24 par 6, on a pour quotient 4 unités contenues dans l'expression fractionnaire $\frac{24}{6}$.

Si la division laisse un reste, ce reste sera le numérateur de la fraction qui était mêlée aux unités entières. Exemple : $\frac{27}{5}$; après avoir divisé 27 par 5, on a pour quotient 5, et pour reste 2 ; il y a donc 6 unités et $\frac{2}{5}$.

Si plusieurs fractions ont le même dénominateur, la plus grande de ces fractions sera celle qui aura le plus grand numérateur. Par exemple : $\frac{7}{8}$ est plus grand que $\frac{6}{8}$ ou $\frac{5}{8}$; mais si plusieurs fractions ont le même numérateur, la plus grande de ces fractions sera celle qui aura le plus petit dénominateur. Par exemple : $\frac{5}{6}$ est plus grand que $\frac{5}{12}$, ou $\frac{5}{18}$, etc.

On appelle *nombre fractionnaire* un nombre entier accompagné d'une fraction. Par ex.: $6\frac{4}{5}$; $8\frac{2}{9}$.

EXERCICES.

Qu'est-ce qu'une fraction ? —— Qu'est-ce qu'indique le numérateur ?—— Le dénominateur ?—— Qu'est-ce qu'indique encore une fraction ? —— Dans quel cas la fraction prend-elle le nom d'expression fractionnaire ? —— Comment fait-on pour extraire les unités comprises dans une expression fractionnaire ? —— Si plusieurs fractions ont le même numérateur, quelle sera la plus petite ?

DEUXIÈME LEÇON.

1° Tout nombre entier peut être changé en expression fractionnaire sans rien perdre de sa valeur. A cet effet, on n'a qu'à le multiplier par le dénominateur qu'on veut lui donner, et faire du produit le numérateur de l'expression fractionnaire. Par ex.: pour changer le nombre 8 en expression fractionnaire, dont le dénominateur soit 5, on multiplie 5 par 8, ce qui fait 40, qu'on met sous la forme d'une fraction $\frac{40}{5}$, et qui est absolument égal au nombre 8, parce qu'on a rendu ce dernier à la fois le même nombre de fois plus grand et plus petit, étant $\times$ 5 et : 5.

2° Pour changer un nombre fractionnaire en expression fractionnaire, il faut multiplier le nombre entier par le dénominateur de la fraction qui l'accompagne; puis ajouter au produit le numérateur de cette même fraction, et ensuite mettre la somme sous la forme d'une fraction dont le dénominateur sera le même que celui avec lequel on a multiplié le nombre entier. Exemple:

$$9 + \frac{4}{6}$$

54
4 *Numérateur ajouté.*

58

$6^{èm\cdot s}$

On dit : 6 fois 9 font 54, et le numérateur 4 ajouté font 58, ce qui fait $\frac{58}{6}$.

1° Quelle est l'expression fractionnaire du nombre fractionnaire $245\frac{6}{8}$?

2° Quelle est l'expression fractionnaire du nombre fractionnaire $430\frac{234}{424}$?

$$1° \quad \textit{Rép}\ldots \frac{245\frac{6}{8}}{\dfrac{1966}{8}}$$

$$2° \quad \begin{matrix} 430 \\ 424 \end{matrix} \ \textit{ou}\ \begin{matrix} 424 \\ 430 \end{matrix}$$

$$\begin{aligned} &12720 \\ &1696 \\ &234 \end{aligned}$$

$$\textit{Rép}\ldots \frac{182554}{424}$$

EXERCICES.

Comment peut-on changer un nombre entier en expression fractionnaire ? —— Ce nombre ainsi transformé change-t-il de valeur ? —— Que faut-il faire pour changer un nombre fractionnaire en expression fractionnaire ? —— Donnez des exemples ?

TROISIÈME LEÇON.

Dans la 12ᵉ leçon, section 2ᵉ, nous avons vu qu'on ne change rien à la valeur du quotient lorsqu'on rend le dividende et le diviseur le même nombre de fois plus grands ou plus petits, c'est-à-dire lorsqu'on les multiplie ou qu'on les divise à la fois par un même nombre.

De même une fraction ne change pas de valeur, lorsque, 1° on multiplie ses deux termes à la fois par un même nombre. Exemple : $\frac{5}{6}$. Si l'on multiplie le numérateur et le dénominateur chacun par 3, on aura $\frac{15}{18}$; par 4, on aura $\frac{20}{24}$; par 5, on aura $\frac{25}{30}$, etc., et toutes ces nouvelles fractions ont la même valeur que la première $\frac{5}{6}$; car en multipliant le numérateur par 3, par 4, par 5, etc., on prend en effet, 3, 4, 5 fois plus de parties ; mais en compensation ces parties ont été rendues 3, 4, 5 fois plus petites, parce qu'ayant aussi multiplié le dénominateur par 3, 4, 5, etc., l'unité a été partagée en un plus grand nombre de parties.

2° Lorsqu'on divise ses deux termes à la fois par un même nombre. Par exemple : si on divise les termes de $\frac{15}{20}$ chacun par 5, on aura $\frac{3}{4}$, qui a la même valeur que $\frac{15}{20}$, parce qu'en divisant le dénominateur par 5, on rend les parties 5 fois plus grandes ; mais en divisant le numérateur par 5, on prend cinq fois moins de ces parties.

EXERCICES.

Lorsqu'on multiplie ou que l'on divise à la fois les deux termes d'une fraction par un même nombre, que devient la fraction ? —— Que devient la fraction lorsqu'on multiplie le numérateur seul, ou que l'on divise le dénominateur ? —— Si l'on divise les deux termes par un même nombre, la fraction ne change pas ; mais qu'en résulte-t-il ?

QUATRIÈME LEÇON.

MANIÈRE DE SIMPLIFIER LES FRACTIONS.

Les fractions peuvent quelquefois être simplifiées, c'est-à-dire que les deux termes peuvent être exprimés par de plus petits nombres, et même les plus petits possibles, sans en changer la valeur, ce qui se fait en divisant le numérateur et le dénominateur à la fois par un même nombre, aussi longtemps que cela se fait *sans reste*.

En conséquence on observe, 1° si le numérateur lui-même est contenu sans reste dans le dénominateur ; alors il sert de diviseur commun à la fraction. Exemple : $\frac{5}{15} : 5 = \frac{1}{3}$.

2° **Si** à la droite des deux termes se trouvent des zéros, on en efface un nombre égal. Ex. : $\frac{400}{1300} = \frac{4}{13}$.

5° **On** cherche, suivant les sept moyens de la 25ᵉ leçon, section 2ᵉ, à découvrir les diviseurs communs qui servent à la fois pour les deux termes de la fraction. On pose comme il suit :

D. Quels sont les plus petits termes de la fraction $\frac{19620}{30245}$ simplifiée?

$$\frac{19620}{30240} = \overset{9}{\frac{1962}{3024}} = \overset{2}{\frac{218}{436}} = \frac{109}{218} = \frac{1}{2}.$$

R. $\frac{1}{2}$.

D. Quels sont les plus petits termes de la fraction simplifiée $\frac{7776}{10368}$?

$$\mathbf{R.}\ \ \frac{7776}{10368} = \overset{9}{\frac{864}{1152}} = \overset{9}{\frac{96}{128}} = \overset{8}{\frac{12}{16}} = \overset{4}{\frac{3}{4}}.$$

D. Quelle est la moindre fraction qui résulte de $\frac{7590}{8555}$ simplifiée?

$$\mathbf{R.}\ \ \frac{7590}{8555} = \overset{5}{\frac{1518}{1671}} = \overset{5}{\frac{506}{557}}.$$

REMARQUE SUR LE PLUS GRAND COMMUN DIVISEUR.

Souvent il arrive que les deux termes d'une fraction renferment un diviseur commun qu'on ne peut pas découvrir par les moyens précédens. Dans ce cas on se sert, pour le découvrir, de la méthode suivante : On divise le plus grand nombre par le plus petit, et si la division se fait sans reste, le plus petit nombre sera le plus grand commun diviseur; mais s'il y a un reste, on divise le plus petit nombre par ce reste, et l'on continue de cette manière à diviser par le dernier reste, le reste immédiatement précédent, qui servait de diviseur, jusqu'à ce qu'on trouve un quotient exact; le dernier diviseur employé sera le plus grand commun diviseur des deux termes de la fraction proposée. Par exemple :

Quel est le plus grand commun diviseur aux deux nombres 4556 et 412, ou de la fraction $\frac{412}{4556}$?

4356	412	236	176	60	56	4
	10	1	1	2	1	14
Reste 236	*R.* 176	*R.* 60	*R.* 56	*R.* 4	*R.* 0	

R. C'est 4, et la fraction réduite à ses moindres termes est $\frac{103}{1089}$.

Si l'on parvient à n'avoir d'autre reste que l'unité, c'est une preuve que les nombres proposés n'ont pas de diviseur commun. Exemple. : 1089 et 105.

1089	103	59	44	15	14	1
	10	1	1	2	1	14
Reste 59	*R.* 446	*R.* 15	*R.* 14	*R.* 1	*R.* 0	

Le dernier reste étant 1, on voit que ces nombres sont irréductibles, puisqu'ils ont pour diviseur commun l'unité.

EXERCICES.

Qu'est-ce que simplifier une fraction? —— Comment fait-on pour simplifier une fraction dont les deux termes sont terminés par zéro? —— Qu'est-ce qu'un diviseur commun? —— Comment cherche-t-on un diviseur commun à deux nombres? —— A quoi peut servir le diviseur commun aux deux termes d'une fraction?

CINQUIÈME LEÇON.

RÉDUCTION DES FRACTIONS AU MÊME DÉNOMINATEUR.

Pour réduire deux fractions au même dénominateur, on multiplie les deux termes de chacune par le dénominateur de l'autre. On voit, par cette manière d'opérer, que les fractions ne changent pas de valeur, puisque les deux termes sont multipliés par un même nombre. On voit aussi que l'on doit avoir un dénominateur commun , puisque ce dénominateur est le produit des dénominateurs des fractions proposées.

Pour réduire plusieurs fractions au même dénominateur , on multiplie les deux termes de chaque fraction par le produit des dénominateurs de toutes les autres. Par exemple : pour réduire au même dénominateur les fractions $\frac{2}{3}$, $\frac{4}{5}$, $\frac{5}{6}$, on multiplie d'abord les deux termes de la première par le produit des dénominateurs des deux autres, 5×6, ce qui fait 30, et l'on a pour la première $\frac{60}{90}$; pour la deuxième $\frac{72}{90}$, en multipliant ses deux termes par le produit des dénominateurs des deux autres, $3 \times 6 = 18$, et en suivant la même manière, on a pour la troisième $\frac{75}{90}$.

On peut encore procéder de la manière suivante : on pose les fractions dans une colonne les unes au-dessous des autres ; on forme un produit général de leurs dénominateurs , et ce produit sera le dénominateur commun. Puis on divise ce dénominateur par celui de chaque fraction donnée , et l'on multiplie le quotient par le numérateur de la même fraction. Exemple : pour réduire au même dénominateur les fractions ci-dessus $\frac{2}{3}$, $\frac{4}{5}$, $\frac{5}{6}$, on multiplie $3 \times 5 \times 6$, ce qui donne 90 pour dénominateur commun ; ensuite on divise celui-ci par le 3 de la première fraction, ce qui fait 30 pour quotient ; enfin on multiplie ce quotient par le numérateur 2, ce qui donne $\frac{60}{90}$, et l'on procède ainsi avec les autres*.

---

* Il faut avoir soin de se reporter aux leçons précédentes pour baser les raisonnemens à la démonstration de ces règles.

90 *Dénom. commun.*

$$\left.\begin{array}{l}\tfrac{2}{3}\times 30=60\\ \tfrac{4}{5}\times 18=72\\ \tfrac{5}{6}\times 15=75\end{array}\right\}90^{\text{èmes}}$$

Donc les nouvelles fractions sont $\tfrac{60}{90}$, $\tfrac{72}{90}$, $\tfrac{75}{90}$, qui sont parfaitement égales aux premières $\tfrac{2}{3}$, $\tfrac{4}{5}$, $\tfrac{5}{6}$, parce qu'on a multiplié à la fois les deux termes de chaque fraction le même nombre de fois; car les termes de la fraction $\tfrac{2}{3}$ ont été rendus 30 fois plus grands; ceux de $\tfrac{4}{5}$ 18 fois, et ceux de $\tfrac{5}{6}$ 15 fois.

D. Quelles sont les nouvelles fractions de $\tfrac{2}{4}$, $\tfrac{1}{3}$, $\tfrac{3}{5}$, $\tfrac{4}{6}$, $\tfrac{5}{8}$ réduites au même dénominateur?

2880

$$\left.\begin{array}{l}\tfrac{2}{4}\times 720=1440\\ \tfrac{1}{3}\times 960=960\\ \tfrac{3}{5}\times 576=1728\\ \tfrac{4}{6}\times 480=1920\\ \tfrac{5}{8}\times 360=2160\end{array}\right\}2880^{\text{èmes}}$$

Les dénominateurs de ces fractions sont 4, 5, 5, 6, 8; ainsi $4\times 3\times 5\times 6\times 8=2880$, qui est le dénominateur commun.

EXERCICES.

Comment réduit-on deux fractions au même dénominateur? —— Plus de deux? —— N'y a-t-il pas plusieurs procédés pour réduire les fractions au même dénominateur? — Pourquoi les fractions réduites au même dénominateur ne changent-elles pas de valeur? — Comment se fait-il que d'après ces règles les fractions aient le même dénominateur? — Réduisez au même dénominateur $\tfrac{3}{4}$, $\tfrac{5}{8}$, $\tfrac{3}{9}$, etc.

SIXIÈME LEÇON.

CAS OU L'ON PEUT ABRÉGER OU SIMPLIFIER LA RÉDUCTION DES FRACTIONS AU MÊME DÉNOMINATEUR.

Si parmi les fractions proposées il y a un dénominateur multiple de tous les autres, on le prend pour dénominateur commun, et l'on multiplie le numérateur de chaque fraction par le nombre de fois que son dénominateur est contenu dans le dénominateur commun. Exemple : qu'on ait $\frac{3}{4}$, $\frac{1}{3}$, $\frac{5}{6}$, $\frac{3}{8}$, $\frac{19}{24}$, $\frac{7}{12}$ à réduire au même dénominateur, on remarque que 24, dénominateur de la fraction $\frac{19}{24}$, est multiple de tous les dénominateurs des autres fractions ; on le prend alors pour dénominateur commun, ensuite on multiplie, comme on vient de le dire, le numérateur 3 de la fraction $\frac{3}{4}$ par 6, nombre de fois que le dénominateur 4 est contenu dans le dénominateur commun 24, et on a pour nouvelle fraction $\frac{18}{24}$. En opérant de même sur toutes les autres, on obtiendra les fractions $\frac{8}{24}$, $\frac{20}{24}$, $\frac{9}{24}$, $\frac{19}{24}$, $\frac{14}{24}$, égales aux premières, chacune à chacune, ayant les deux termes $\times$ par un même nombre, et qui ont le même dénominateur, au lieu qu'en suivant la règle ordinaire, on aurait eu $\frac{124416}{165888}$, $\frac{55296}{165888}$, etc., dont l'évaluation n'est certainement pas aussi facile.

Dans le cas où les fractions sont exprimées par de grands nombres, on peut d'abord les simplifier, et après faire la réduction au même dénominateur.

Si parmi les fractions proposées, il ne se trouve pas un dénominateur multiple des autres, comme dans ces fractions $\frac{3}{4}$, $\frac{1}{6}$, $\frac{7}{9}$, $\frac{10}{12}$, $\frac{11}{18}$, on cherche un nombre qui soit multiple de tous les dénominateurs proposés, et pour cela on prend le plus grand dénominateur, on le multiplie par 2, 3, 4, etc., jusqu'à ce qu'on ait obtenu le nombre multiple. Ainsi, dans cet exemple, en multipliant 18 par 2, on a 36 qui contient tous les dénominateurs ; il n'y a plus qu'à multiplier le numérateur de chaque fraction par le nombre de fois que son dénominateur est contenu dans le nombre 56 , qu'on prend pour dénominateur commun. Les nouvelles fractions seront $\frac{27}{56}$, $\frac{6}{56}$, $\frac{28}{56}$, $\frac{50}{56}$, $\frac{22}{56}$; dans ce cas, comme dans toutes les opérations sur les fractions, on fera bien de simplifier les fractions qui sont susceptibles de l'être.

EXERCICES.

Dites quels sont les càs où l'on peut abréger la réduction de deux ou de plusieurs fractions au même dénominateur? — Lorsque parmi les fractions il y a un dénominateur multiple des autres, que faut-il faire? — Comment fait-on pour chercher un dénominateur multiple, lorsque parmi les fractions il ne s'en trouve pas? — Pourriez-vous expliquer pourquoi les fractions ne changent pas de valeur dans ces opérations?

SEPTIÈME LEÇON.

Les fractions décimales ne sont que les nombres décimaux dont nous avons parlé dans la 5ᵉ leçon, section 1ʳᵉ. On peut les écrire de deux manières ; ou on les met sous la forme fractionnaire, et dans ce cas on ne peut avoir pour dénominateur que l'unité suivie de zéros (parce que les parties ne sont que de 10 en 10 fois plus petites que l'unité); ou on les écrit comme nous l'avons vu dans la 5ᵉ leçon mentionnée ci-dessus.

Exemple : six dixièmes, ou $\frac{6}{10}$, ou 0.6, $\frac{545}{1000}$ ou 0.545, $\frac{242}{100}$ ou 2.42.

La 5ᵉ leçon, section 1ʳᵉ, et la 18ᵉ leçon, section 2ᵉ, renferment ce que nous pourrions dire ici sur les fractions décimales : par cette raison nous n'en parlerons plus que dans les quatre opérations.

4*

EXERCICES.

Quelle est la fraction décimale qui résulte de 435 divisé par 10,000 ? — De 573,000 par 100,000 ? — De 6,500 par 1,000,000 ? (Voyez la remarque de la 18e leçon, section 2e.)

HUITIÈME LEÇON.

Souvent on est obligé de changer un nombre d'espèce inférieure en un nombre d'espèce supérieure, pour rendre simples des nombres complexes. Dans ce cas, on donne pour dénominateur au nombre proposé de l'espèce inférieure, le nombre qui indique combien il faut d'unités de cette espèce pour composer l'unité de l'espèce supérieure dans laquelle on veut le convertir.

EXERCICES.

Combien de toises font 4 pieds ? — Combien de livres tournois font 15 sous ? — Combien de parties d'un gros font 48 grains ? — Combien de livres tournois font 14 livres 16 sous ?

NEUVIÈME LEÇON.

Il arrive aussi souvent qu'il faut convertir une fraction d'espèce supérieure en un nombre d'espèce inférieure, pour mieux en connaître la valeur. Dans ce cas, on multiplie le numérateur de la fraction par le nombre qui indique combien il faut d'unités de l'espèce inférieure pour composer l'unité de l'espèce dans laquelle consiste la fraction ; puis on divise le produit par le dénominateur de la fraction, et le quotient sera le nombre d'espèce inférieure demandé.

D. Combien de sous font $\frac{6}{12}$ de livres tournois ?

$$
\begin{array}{c|c}
6 & \\
20 & 12 \\
\hline
120 & 10 \text{ sous.} \\
12 & \\
\hline
..0 &
\end{array}
$$

D. Combien de sous et de deniers font $\frac{12}{14}$ d'une liv. ?

$$\frac{12}{14} = \frac{6}{7}$$

$$
\begin{array}{c|c}
6 & \\
20 & 7 \\
\hline
120 & 17\,\text{s.} + 1\frac{5}{7}\,\text{den.} \\
7 & \\
\hline
50 & \\
49 & \\
\hline
& 1\,\text{s. } \textit{reste.} \\
12 & \\
\hline
12 & 7 \\
7 & \\
\hline
& 1 + \frac{5}{7} \\
5 &
\end{array}
$$

D. Quels nombres des différentes espèces inférieures résultent de $\frac{4}{9}$ de livre pesant?

$$
\begin{array}{c|c}
4 & \\
\text{Onces } 16 & \\
\hline
64 & 9 \\
63 & 7 \text{ onces.} \\
\hline
.1 \text{ once,}
\end{array}
$$
reste qu'on convertit en gros.

$$
\begin{array}{c|c}
\text{Gros } 8 & 9 \\
\hline
8 & 0 \text{ gros.}
\end{array}
$$

$$
\begin{array}{c|c}
\text{Grains } 72 & \\
\hline
576 & 9 \\
54 & 64 \text{ grains.} \\
\hline
36 & \\
00 &
\end{array}
$$

R. 7 onces + 0 gros + 64 grains.

Première remarque. On peut de cette manière changer une fraction en une autre sans en altérer la valeur. Exemple :

Changer $\frac{5}{6}$ en une fraction dont le dénominateur soit 50.

$$
\begin{array}{c|l}
5 & 6 \\
50 & \overline{} \\
\hline
150 & 25 = \frac{25}{50} \text{ est la nouvelle fraction.} \\
12 & \\
\hline
50 & \\
00 &
\end{array}
$$

Changer la fraction $\frac{452}{1152}$ en une autre dont le dénominateur soit 8 ?

$$
\begin{array}{c|l}
452 & 1152 \\
8 & \overline{} \\
\hline
3456 & 3 = \frac{3}{8} \text{ est la nouvelle fraction.} \\
3456 & \\
\hline
0000 &
\end{array}
$$

Deuxième remarque. Pour changer une fraction décimale en une fraction ordinaire, on procède encore de la même manière. Exemple :

Combien de quarts y a-t-il en $\frac{525}{1000}$ ou 0,525 ?

$$
\begin{array}{c|l}
0.525 & 1000 \\
4 & \overline{} \\
\hline
2100 & 2 \\
.100 &
\end{array}
$$

Troisième remarque. Si l'on veut convertir une fraction ordinaire en fraction décimale, il faut diviser le numérateur par le dénominateur, après avoir ajouté à ce numérateur autant de zéros qu'on veut avoir de chiffres dans la fraction décimale correspondante (19e leçon, 2e section), retrancher au quotient autant de chiffres qu'il y a eu de zéros ajoutés. Cette conversion n'est pas toujours possible exactement ; alors on ne peut qu'approcher à telle décimale près qu'on veut.

EXERCICES.

Comment convertit-on une fraction ordinaire en fraction décimale ? — Peut-on toujours convertir une fraction ordinaire en fraction décimale exactement ? — Pourquoi une fraction ordinaire convertie en fraction décimale, n'a-t-elle pas changé de valeur ?

DIXIÈME LEÇON.

DE L'ADDITION DES FRACTIONS.

1° Pour additionner des fractions, il faut d'abord voir si elles ont toutes le même dénominateur. Dans ce cas, on additionne simplement les numérateurs, et on divise la somme par le dénominateur.

EXEMPLES :

1° Quelle est la somme de $\frac{2}{8}+\frac{3}{8}+\frac{4}{8}+\frac{5}{8}+\frac{6}{8}+\frac{7}{8}$?

2° Quelle est la somme de $\frac{4}{16}+\frac{9}{16}+\frac{12}{16}+\frac{7}{16}$?

$$1° \quad \frac{2}{8}+\frac{3}{8}+\frac{4}{8}+\frac{5}{8}+\frac{6}{8}+\frac{7}{8} \;\Big|\; 8$$

$$27 \qquad 3+\frac{3}{8} \text{ est la somme} = \frac{27}{8}.$$
$$24$$
$$\overline{.3}$$

$$2° \quad \frac{4}{16}+\frac{9}{16}+\frac{12}{16}+\frac{7}{16} \;\Big|\; 16$$
$$52 \;\Big|\; \frac{52}{16} = 2.$$
$$00$$

2° Pour additionner des nombres fractionnaires dont les fractions ont le même dénominateur, on fait d'abord la somme des fractions, et l'on retient les unités qu'elles renferment pour les ajouter aux nombres entiers. Exemple :

Quelle est la somme de $4\frac{5}{9} + 6\frac{3}{9} + 9\frac{7}{9} + 7\frac{6}{9}$?

$$4\ \tfrac{5}{9}$$
$$6\ \tfrac{3}{9}$$
$$9\ \tfrac{7}{9}$$
$$7\ \tfrac{6}{9}$$
$$\overline{\qquad}$$
$$26.\tfrac{21}{9} = 28.\tfrac{3}{9}$$

Réponse... $28 + \frac{3}{9}$ est la somme.

3° Si les fractions qu'on veut ajouter n'ont pas le même dénominateur, il faut commencer par les y réduire, et faire l'opération de la manière susdite. **Ex.**:

1° Quelle est la somme de $\frac{3}{4} + \frac{5}{6} + \frac{2}{3} + \frac{3}{8}$?

2° Quelle est la somme de $\frac{4}{6} + \frac{2}{3} + \frac{6}{8} + \frac{5}{9} + \frac{9}{12}$ $+ \frac{3}{5} + \frac{12}{15} + \frac{13}{16}$?

1° 24

$$\frac{3}{4} \times 6 = 18 \qquad\qquad 2\ |\ 6.\ \ 8$$
$$\frac{5}{6} \times 4 = 20 \qquad\qquad \overline{3.\ \ 4}$$
$$\frac{2}{3} \times 8 = 16$$
$$\frac{3}{8} \times 3 = 9 \qquad\qquad 2 \times 3 \times 4 = 24.$$
$$\overline{63\ |\ 24}$$
$$48\ |\ 2 + \tfrac{5}{24} = 2 + \tfrac{5}{8} \text{ est la somme.}$$
$$\overline{}$$
$$15\ \textit{Reste.}$$

2° 720

$$\frac{4}{6} \times 120 = 480$$
$$\frac{2}{3} \times 240 = 480 \qquad 3\ |\ 9.\ \ 12.\ \ 13.\ \ 16$$
$$\frac{6}{8} \times 90 = 540 \qquad 4\ |\ \overline{3.\ \ \ 4.\ \ \ 5.\ \ 16}$$
$$\frac{5}{9} \times 80 = 400 \qquad \overline{3.\ \ —.\ \ \ 5.\ \ \ 4}$$
$$\frac{9}{12} \times 60 = 540 \qquad 3 \times 4 \times 3 \times 5 \times 4$$
$$\frac{3}{5} \times 144 = 432 \qquad = 720, \text{ dén. commun.}$$
$$\frac{12}{15} \times 48 = 576$$
$$\frac{13}{16} \times 45 = 585$$
$$\overline{4033\ |\ 720}$$
$$5600\ |\ \overline{}$$
$$5 + \tfrac{433}{720}$$

Reste.... 433

Quelle est la somme des nombres fractionnaires $5\frac{1}{6} + 6\frac{7}{9} + 15\frac{5}{8} + 8\frac{3}{4}$?

72

$$
\begin{array}{ll}
5\,\frac{1}{6} \times 12 = 48 \\
6\,\frac{7}{9} \times\ \ 8 = 56 \\
15\,\frac{5}{8} \times\ \ 9 = 45 \\
8.\frac{3}{4} \times 18 = 54
\end{array}
\qquad
\begin{array}{r|lll}
3 & 6. & 9. & 8 \\
\hline
2 & 2. & 3. & 8 \\
\hline
 & —. & 3. & 4
\end{array}
$$

$$3 \times 2 \times 3 \times 4 = 72$$

$$Rép.\ 56\frac{59}{72} \qquad \begin{array}{l} 203 \\ 144 \\ \hline .59 \end{array} \left| \begin{array}{l} 72 \\ \hline 2\,\frac{59}{72} \end{array} \right.$$

EXERCICES.

Comment fait-on l'addition des fractions lorsqu'elles ont le même dénominateur ? — Comment se fait l'addition des nombres fractionnaires ? — Comment se fait l'addition des fractions qui n'ont pas le même dénominateur ?

ONZIÈME LEÇON.

SOUSTRACTION DES FRACTIONS.

1° Pour soustraire une fraction d'une autre fraction, il faut voir si elles ont le même dénominateur. Dans le cas où les dénominateurs sont les mêmes pour les fractions proposées , on soustrait simplement le plus petit numérateur du plus grand , et l'on donne au reste le dénominateur des fractions proposées. Ex. :

Quelle est la différence de $\frac{5}{8}$ et de $\frac{3}{8}$?

$$
\begin{array}{c}
\frac{5}{8} \\
\frac{3}{8} \\
\hline
\end{array}
$$

$$Rép.\ \frac{2}{8} = \frac{1}{4}.$$

2° Pour soustraire des nombres fractionnaires dont les fractions ont le même dénominateur, il faut d'abord soustraire les fractions, et puis les nombres entiers. Exemple :

$$15 \tfrac{6}{9}$$
$$8 \tfrac{4}{9}$$

Différence. $7 \tfrac{2}{9}$

5° Mais si la fraction qui accompagne le plus petit nombre entier est plus grande que l'autre, on ajoute une unité à la plus petite fraction, et l'on convertit cette unité en autant de parties que l'indique le dénominateur des fractions ; puis on ajoute une unité au nombre entier inférieur, pour compenser l'unité ajoutée à la fraction supérieure. Exemple :

$$25 \tfrac{4}{8}$$
$$15 \tfrac{7}{8}$$

Différence. $7 \tfrac{6}{8}$

On dit : 7 de 5 ne peut ; on ajoute au chiffre 5 une unité qui vaut 8 ; 8 et 5 font 13 ; 7 de 13 reste 6, ce qui fait $\tfrac{6}{8}$. Puis on ajoute une unité au nombre inférieur 5, et l'on a pour différence totale $7 \tfrac{6}{8}$.

4° Pour soustraire un nombre fractionnaire d'un nombre entier, on ôte une unité du nombre entier supérieur, et l'on met cette unité sous la forme fractionnaire, en la réduisant en parties de l'espèce de l'autre fraction. Exemple :

$$13 = 12 \tfrac{6}{6} \qquad \textsc{Autre exemple.} \qquad 6 - \text{»} = 5 \tfrac{5}{5}$$
$$9 \tfrac{4}{6} = 9 \tfrac{4}{6} \qquad\qquad\qquad \text{»} - \tfrac{3}{5} = \tfrac{3}{5}$$

Différence. $3 \tfrac{2}{6}$ $\qquad\qquad\qquad\qquad\qquad\qquad\qquad 5 \tfrac{2}{5}$

5° Pour soustraire un nombre entier d'un nombre fractionnaire, on fait simplement la soustraction des unités entières, et l'on descend la fraction à côté du reste dont elle fait partie. Exemple :

$$86 \tfrac{3}{7}$$
$$54$$

Reste. $32 \tfrac{3}{7}$

6° **Si** les fractions dont on veut trouver la différence, n'ont pas le même dénominateur, il faut les y réduire, et faire l'opération de la manière susdite, c'est-à-dire soustraire le plus petit numérateur du plus grand. Exemple : $\tfrac{5}{6} - \tfrac{3}{4}$.

$$12$$
$$\tfrac{5}{6} \times 2 = 10$$
$$\tfrac{3}{4} \times 3 = 9$$

$\tfrac{1}{12}$ est la différence.

Quelle est la différence de $\tfrac{12}{15}$ et de $\tfrac{7}{8}$?

$$120$$
$$\tfrac{7}{8} \times 15 = 105$$
$$\tfrac{12}{15} \times 8 = 96$$

Rép. $\tfrac{9}{120} = \tfrac{3}{40}$.

Quelle est la différence des nombres fractionnaires $43 \tfrac{22}{24}$ et $20 \tfrac{8}{12}$?

$$24$$
$$43 \tfrac{22}{24} \times 1 = 22$$
$$20 \tfrac{8}{12} \times 2 = 16$$

Rép. $23 \tfrac{6}{24}$ .6

Quelle est la différence de $25 \tfrac{6}{7}$ et de $18 \tfrac{11}{12}$?

$$84$$
$$25 \tfrac{6}{7} \times 12 = 72$$
$$18 \tfrac{11}{12} \times 7 = 77$$

Rép. $6 \tfrac{79}{84}$ (Voyez ci-dessus, n° 5.)   79

$$84$$
$$72$$
de 156
soustraire 77

$$79$$

5

Quelle est la différence de $53\frac{7}{9}$ et $45\frac{16}{18}$?

$$18$$
$$53\frac{7}{9} \times 2 = 14 \qquad\qquad 18$$
$$45\frac{16}{18} \times 1 = 16 \qquad\qquad 14$$
$$\overline{\qquad\qquad\qquad} \qquad \overline{\quad} \qquad \overline{\quad}$$
$$\textit{Rép.}\ 7\frac{16}{18} = \frac{8}{9} \qquad 16 \qquad\qquad 32$$
$$16$$
$$\overline{\quad}$$
$$16$$

EXERCICES.

Comment se fait la soustraction des fractions ? —— Des nombres fractionnaires ? —— Si, dans les nombres fraction-naires, la fraction à soustraire est plus grande que sa cor-respondante, que faut-il faire ?

DOUZIÈME LEÇON.

MULTIPLICATION DES FRACTIONS.

(7ᵉ leçon, 2ᵉ section.)

1° Pour multiplier un nombre entier par une frac-tion, ou une fraction par un nombre entier, il faut multiplier ce nombre entier par le numérateur de la fraction, et donner au produit le dénominateur de la fraction. Exemple :

Multiplier 6 par $\frac{4}{5}$ ou $\frac{4}{5}$ par $6 = \frac{24}{5}$; car dans le 1ᵉʳ cas, on répète $6\frac{4}{5}$ de fois, ou $6 \times 4 : 5$ qui $= \frac{24}{5}$; dans le 2ᵉ cas, on répète $\frac{4}{5}$ 6 fois qui $= \frac{24}{5}$ dont on extrait les unités, $4 + \frac{4}{5}$.

On voit que dans ces multiplications le produit doit toujours être plus petit que le nombre entier multiplié, parce que ce nombre entier n'est répété qu'une partie de fois. (7ᵉ leçon, 2ᵉ section.)

2° Pour multiplier une fraction par une autre fraction, il faut multiplier numérateur par numérateur, et dénominateur par dénominateur. Exemple :

$$\frac{5}{6} \times \frac{3}{4} \quad \begin{array}{cc} 3 & 6 \\ 5 & 4 \\ \hline 15 & 24 \end{array} \quad \text{donc } \frac{15}{24} \text{ est le produit.}$$

$\frac{15}{24}$ est le produit des fractions proposées ; car si l'on avait $\frac{5}{6}$ à multiplier par 3, le produit serait $\frac{15}{6}$: mais ce n'est pas par 3, c'est par un nombre 4 fois plus petit que 3 qu'il faut multiplier ; le produit $\frac{15}{6}$ est donc 4 fois trop grand ; pour le rendre quatre fois plus petit, il faut multiplier le dénominateur 6 par 4, ce qui donnera $\frac{15}{24}$, fraction 4 fois plus petite que $\frac{15}{6}$, les parties étant 4 fois plus petites, puisqu'il y en a 4 fois plus dans l'unité, et que d'ailleurs le numérateur n'a pas changé.

3° Pour multiplier plusieurs fractions les unes par les autres, on multiplie tous les numérateurs les uns par les autres, et tous les dénominateurs de même. Exemple : $\frac{2}{4}$, $\frac{3}{6}$, $\frac{5}{8}$, $\frac{4}{7}$.

$$\frac{2 \times 3 \times 5 \times 4}{4 \times 6 \times 8 \times 7} = \frac{120}{1344}, \text{ ou en simplifiant } \frac{5}{56}.$$

Je dis en simplifiant, car il faut observer que s'il y a des facteurs semblables parmi les numérateurs et les dénominateurs, on les efface par la raison qu'ils se détruisent l'un l'autre. Ainsi l'on efface dans l'exemple précédent le 4 numérateur contre le 4 dénominateur ; puis on efface 2 et 3 contre le dénominateur 6, parce que $2 \times 3 = 6$; en sorte que le produit est réduit à $\frac{5}{8 \times 7} = \frac{5}{56}$.

Multiplier les fractions $\frac{3}{7}$, $\frac{21}{40}$, $\frac{8}{9}$.

$$\frac{3 \times 21 \times 8}{7 \times 40 \times 9} = \frac{504}{2520}$$ en simplifiant cette fraction par le moyen du plus grand diviseur, il vient $\frac{1}{5}$.

4° Pour multiplier les nombres fractionnaires entre eux, on les réduit en expressions fractionnaires (voyez 2ᵉ leçon, n° 2 de cette section), et alors on opère suivant la manière susdite, n° 1. Exemple :

Multiplier $8 \frac{2}{5}$ par $4 \frac{3}{7}$. Le premier nombre fractionnaire donne l'expression fractionnaire $\frac{42}{5}$, et le deuxième $\frac{31}{7}$; on multiplie donc $\frac{42}{5}$ par $\frac{31}{7}$ ce qui donne $\frac{1302}{35} = \frac{186}{5}$ ou $37 + \frac{1}{6}$.

EXERCICES.

Que faut-il faire pour multiplier une fraction par une fraction ? —— Comment se fait la multiplication d'un nombre entier par une fraction ? —— D'une fraction par un nombre entier ? —— Comment se fait la multiplication des fractions les unes par les autres ? —— Comment simplifie-t-on cette multiplication ? —— Comment multiplie-t-on entre eux les nombres fractionnaires ?

TREIZIÈME LEÇON.

DIVISION DES FRACTIONS.

1° Pour diviser une fraction par un nombre entier, on multiplie le dénominateur de la fraction par le nombre entier.

Diviser $\frac{5}{8}$ par 6. On dit $6 \times 8 = 48$, cela fait $\frac{5}{48}$. L'unité étant partagée en 6 fois plus de parties, elles doivent être 6 fois plus petites.

Mais si le nombre entier est contenu sans reste dans le numérateur de la fraction, alors on divise ce numérateur par le nombre entier. Exemple :

$\frac{32}{45}$ par 8; on dit : 8 en 32 est quatre fois, ce qui fait le quotient $\frac{4}{45}$.

2° Pour diviser une fraction par une fraction, il faut renverser la fraction qui sert de diviseur, et multiplier ainsi la fraction qui sert de dividende.

Diviser $\frac{7}{9}$ par $\frac{2}{5}$.

$$\frac{7}{9} : \frac{2}{5} = \frac{7}{9} \times \frac{5}{2} = \frac{35}{18}.$$

Pour diviser $\frac{7}{9}$ par $\frac{2}{5}$, il faut multiplier $\frac{7}{9}$ par $\frac{5}{2}$; car si l'on avait eu $\frac{7}{9}$ à diviser par 2, d'après le numéro précédent, il aurait fallu $\times$ le dénominateur 9 par 2, et on en aurait eu $\frac{7}{18}$; mais ce n'était pas par 2, c'était par $\frac{2}{5}$, cinq fois plus petit que 2, qu'il fallait diviser. Le quotient $\frac{7}{18}$ est donc cinq fois trop petit. (Voyez rem. 5, leçon 12e, 2e section.) On le rend 5 fois plus grand en multipliant le numérateur 7 par 5, et on a $\frac{35}{18}$ pour le quotient demandé, fraction 5 fois plus grande que $\frac{7}{18}$, puisqu'on a pris 5 fois plus de parties.

3° Si les termes de la fraction qui sert de diviseur sont contenus exactement dans les termes correspondans de la fraction dividende, alors on divise simplement numérateur par numérateur et dénominateur par dénominateur. Exemple :

Diviser $\frac{42}{72}$ par $\frac{7}{9} = \frac{6}{8} = \frac{3}{4}$.

4° Pour diviser un nombre entier par une fraction, on renverse la fraction et l'on multiplie le nombre entier par le numérateur de la fraction renversée. Exemple :

$$6 : \frac{3}{5} = 6 \times \frac{5}{3} = \frac{30}{3} = 10. \quad (2^e \text{ rem.,}$$
12e leçon, 2e section et n° 2 ci-dessus.)

5° Pour diviser deux nombres fractionnaires l'un par l'autre, il faut les réduire en expressions fractionnaires, et faire l'opération comme il est dit n° 1. Exemple :

Diviser $8\frac{5}{7}$ par $5\frac{6}{8}$. Le premier nombre fractionnaire donne l'expression fractionnaire $\frac{61}{7}$, et le second $\frac{46}{8}$.

$$\frac{61}{7} : \frac{46}{8} = \frac{61}{7} \times \frac{8}{46} = \frac{488}{343}.$$

EXERCICES.

Comment se fait la division d'une fraction par un nombre entier? —— N'y a-t-il pas plusieurs procédés? —— Quels sont-ils? —— Comment divise-t-on une fraction par une fraction? —— Prouvez qu'il faut renverser la fraction diviseur, et alors multipliez? —— Comment divise-t-on un nombre entier par une fraction? —— Que faut-il faire pour diviser deux nombres fractionnaires l'un par l'autre?

Section cinquième.

DES NOMBRES COMPLEXES.

PREMIÈRE LEÇON.

On appelle nombres complexes ceux qui renferment plusieurs espèces d'unités qui sont toutes réductibles à une seule espèce. Par exemple, le nombre 15 jours 12 heures 45 minutes est un nombre complexe, parce que toutes ces espèces d'unités peuvent être réduites à une seule, c'està-dire en minutes.

EXERCICES.

Qu'est-ce qu'un nombre complexe? — Donnez des exemples de nombres complexes?

DEUXIÈME LEÇON.

ADDITION DES NOMBRES COMPLEXES.

Pour ajouter des nombres complexes, on écrit les unités de même espèce dans une même colonne; puis on commence par additionner les unités de la plus petite espèce proposée, et si la somme qui en résulte ne contient point d'unités de l'espèce immédiatement supérieure, on l'écrit au-dessous; mais si elle en contient, il faut les retenir pour les joindre à la colonne de l'espèce suivante; on continue de cette manière jusqu'à ce qu'on ait obtenu la somme demandée.

Quelle est la somme des nombres complexes 24 toises + 4 pieds + 9 pouces + 8 lignes; 35 t. + 2 pi. + 5 po. + 4 l.; 15 t. + 4 p. + 6 po. + 10 l.; 12 t. + 5 pi. + 11 po. + 11 l.

t.	pi.	po.	l.		Autre Exemple.		
24 +	4 +	9 +	8		liv.	so.	de.
55 +	2 +	5 +	4		24 +	15 +	9
15 +	4 +	6 +	10		234 +	16 +	10
12 +	5 +	11 +	11		5 +	18 +	11
					54 +	12 +	8
Rép. 88 +	5 +	9 +	9				
					Som. 320 +	4 +	2

Quel est le total de 25 hectolitres + 15 litres + 5 centilitres; 8 kilol. + 20 décal. + 6 décil. + 5 myrial. + 5 hectol. + 5 lit. + 25 centilitres?

$$00000.00$$
$$2515.05$$
$$8200.60$$
$$30505.25$$

Total. 41220.90

On voit par cet exemple que les nombres du nouveau système, quoique les mêmes que ceux dont nous avons parlé, section 2°, 3ᵉ leçon, peuvent en quelque sorte être considérés comme nombres complexes.

Quelle est la somme de

Ans		mois		jours		heures		minutes		secondes.
5	+	9	+	25	+	15	+	45	+	25
20	+	10	+	15	+	23	+	30	+	30
6	+	4	+	8	+	9	+	15	+	45
50	+	3	+	5	+	2	+	12	+	55

Rép. 83 + 3 + 25 + 2 + 44 + 55

EXERCICES.

Comment fait-on l'addition des nombres complexes? — Les nombres du système métrique ne pourraient–ils pas être considérés comme des nombres complexes? —— Pourquoi?

TROISIÈME LEÇON.

SOUSTRACTION DES NOMBRES COMPLEXES.

1° Pour faire la soustraction des nombres complexes, on écrit d'abord le plus petit nombre sous le plus grand, en alignant les unités de même espèce; puis on commence aux nombres de la plus petite espèce proposée, et l'on écrit le reste au-dessous. Exemple :

Quelqu'un doit 9545 livres + 12 sous + 9 deniers ;

il paie là-dessus 6435 livres + 8 sous + 6 deniers, combien doit-il encore ?

Liv.	s.	d.
9545 +	12 +	9
6435 +	8 +	6

Reste. 3110 + 4 + 3

2° Mais si le nombre inférieur de quelque espèce est plus grand que le nombre supérieur correspondant, il faut ajouter à celui-ci une unité de l'espèce immédiatement supérieure, et réduire cette unité en autant de parties qu'elle vaut d'unités de l'espèce inférieure à laquelle on l'ajoute ; puis, pour compensation, on ajoute 1 au nombre inférieur de l'espèce suivante. Exemple :

Un homme naquit l'an 1782, le 25 octobre, à 7 heures 45 minutes du matin ; il est mort l'an 1815, le 15 mars, à 3 heures 15 minutes du soir ; combien de temps a-t-il vécu ?

Ans	mois	jours	heures	minutes.
1815 +	2 +	14 +	15 +	15
1782 +	9 +	24 +	7 +	45

..32 + 4 + 20 + 7 + 30 temps qu'il a vécu.

On dit 45 de 15 ne peut, j'ajoute au nombre 15 une heure qui vaut 60 minutes ; 60 et 15 font 75 ; 45 de 75 reste 30, et ainsi de suite.

Un marchand avait fait provision de 15 quintaux de café ; il en a vendu 12 quintaux + 84 livres + 9 onces + 6 gros + 48 grains ; combien lui en reste-t-il ?

Quintaux liv. onc. gros grains.

15 + 0 + 0 + 0 + 0
12 + 84 + 9 + 6 + 48

Reste. 2 + 15 + 6 + 1 + 24

Un particulier possède 245 hectares + 6 déciares de terre; il en vend 8 kilares + 9 ares + 8 centiares; combien en a-t-il encore?

00000.000
24500.60
8009.08

Reste. 16491.52

EXERCICES.

Comment se fait la soustraction des nombres complexes? —— Que faut-il faire lorsque le chiffre d'une espèce du nombre inférieur est plus grand que son correspondant supérieur?

QUATRIÈME LEÇON.

MULTIPLICATION DES NOMBRES COMPLEXES.

Pour multiplier un nombre complexe par un nombre incomplexe, il faut multiplier en commençant par les unités de la plus petite espèce. Si le produit ne contient point d'unités de l'espèce immédiatement supérieure, on l'écrit tel qu'il est; mais s'il contient des unités supérieures, il faut les extraire pour les joindre aux unités de cet ordre, et on écrit le reste au rang des unités auxquelles il appartient. On continue ainsi jusqu'à l'espèce la plus élevée, dont on écrit le produit tel qu'on le trouve. Exemple:

Si l'on paie 54# 12ˢ 8ᵈ la ℔ d'une marchandise, combien coûteront 15 ℔?

$$54 \, ₶ \quad 12 \, ſ \quad 8 \, d$$
$$15$$
$$\overline{}$$
$$279 \, ₶ \quad 10 \, ſ \quad 0 \, d$$
$$54$$
$$\overline{}$$
$$819 \, ₶ \quad 10 \, ſ \quad 0 \, d$$

Pour faire cette opération, on dit : 15 fois 8 d = 120 deniers, qu'on divise par 12 pour avoir des sous ; il vient 10 ſ qu'on retient pour joindre aux sous , et on écrit zéro au rang des deniers ; ensuite 15 fois 12 = 180 , plus 10 retenus = 190 ſ divisés par 20 pour avoir des livres, donnent 9 ₶ 10 ſ. On écrit les 10 sous à leur rang , et on reporte les 9 ₶ à la colonne des livres. Le produit des livres par 15 étant 810 , en y ajoutant les 9 retenus , on a 819 ₶ pour prix des 15 ℔.

Il serait aussi facile, et même plus, de convertir les nombres complexes en expression fractionnaire ; voyez l'exemple suivant, où les deux facteurs sont complexes. On a fait faire 7 t. 4 p. 3 p. d'un certain ouvrage à 10 ₶ 5 ſ 6 d ; à combien revient tout l'ouvrage ?

En convertissant ces nombres en expressions fractionnaires comme il a été dit (voyez 3ᵉ section, leçons 3ᵉ et 1ʳᵉ), on aura $\frac{2166}{240}$ de ₶ ou $\frac{411}{40}$; en simplifiant, et $\frac{555}{72}$ de toises, ou $\frac{185}{24}$; $\frac{411}{40} \times \frac{185}{24} =$ $\frac{76035}{960}$ ou $\frac{5069}{64}$ ensuite (section 4ᵉ, leçons 1ʳᵉ et 9ᵉ). On extrait les unités contenues dans cette expression de cette manière : on divise le numérateur 5069 par 64, et le résultat 79 indique qu'il y a 79 unités ou livres ; mais il reste 13 ₶ qu'on ne peut plus diviser par 64 ; alors on les convertit en sous, en les multipliant par 20 ; puisqu'il faut 20 ſ

pour la livre, et on a 260 sous, qui, divisés toujours par le même diviseur, donnent 4 sous au quotient et 4 de reste qu'on convertit en deniers en les
multipliant par 12, et on a 48 deniers, qui, divisés par 64, ne donnent que $\frac{48}{64}$ de deniers, ou
$\frac{3}{4}$. Si cette manière d'opérer paraît un peu longue,
qu'on se souvienne qu'elle n'est jamais plus difficile
que dans ce cas; qu'on ne peut se méprendre, ce
qui arrive souvent, en employant le premier procédé, dit parties aliquotes, dont on verra encore
ci-dessous un exemple, pour la solution de la
même question.

Opération pour le 2ᵉ procédé.

$$5069 \left\{ \begin{array}{l} 64 \\ \overline{79^{\#}\ 4^{ſ}\ 0^{ᴣ}\ \tfrac{3}{4}.} \end{array} \right.$$
589

$$15 \times 20 = 260$$
$$4 \times 12 = 48$$

Opération pour le 1ᵉʳ proc.

	10#	5ſ	6ᴣ
	7t. 4 pi. 5 po.		
produit par les to.	71#	18ſ	6ᴣ
id. de 3 pieds $\frac{1}{2}$	5#	2	9
id. de 1 p. $\frac{1}{3}$ de la $\frac{1}{2}$	1#	14	3
id. de 3 po. $\frac{1}{4}$ du $\frac{1}{3}$	0#	8ſ	6ᴣ $\frac{3}{4}$
	79#	4ſ	0ᴣ $\frac{3}{4}$.

On dit d'abord, 7 fois 6 deniers = 42 deniers
ou 3 sous 6 deniers; on écrit les 6ᴣ et on retient
les 3ſ; puis 7 fois 5 sous = 55ſ + 3ſ retenus,
= 58 ou 1# 18ſ; on écrit les 18ſ et on retient la livre; enfin 7 fois 10 = 70 + 1 retenu
= 71. Voilà pour les unités principales. Maintenant il faut multiplier par 4 pi. On prend d'a-
bord 3 pi. qui sont moitié de la toise, et qui, par
conséquent, doivent coûter moitié de 10 # 5ſ 6ᴣ.

On dit la moitié de 10^{tt} est de 5^{tt}, moitié de $5^{s} = 2^{s}$; il reste 1 sou qui, converti en deniers, fait 12 deniers + 6 deniers = 18, moitié de $18^{d} = 9^{d}$; il reste 1 pied qui fait le $\frac{1}{3}$ de 5 pieds; il ne doit coûter que le $\frac{1}{3}$ de 5. Ainsi le $\frac{1}{5}$ de 5^{tt} est de 1^{tt}; il reste 2^{tt} qui valent $40^{s} + 2^{s} = 42$; le $\frac{1}{3}$ de $42^{s} = 14^{s}$; le $\frac{1}{3}$ de 9^{d} est de 3^{d}; enfin on observe que 5 pouces font $\frac{1}{4}$ de pied; ils coûteront donc le $\frac{1}{4}$ de ce qu'a coûté 1 pied. Ainsi le $\frac{1}{4}$ de $1^{tt} = 0^{tt}$; il reste 1^{tt} qui vaut $20^{s} + 14 = 34^{s}$; le $\frac{1}{4}$ de 34^{s} est de 8^{s}; restent 2^{s} qui valent $24^{d} + 3 = 27$; le $\frac{1}{4}$ de 27^{d} est de 6^{d}, il reste 3; le $\frac{1}{4}$ de 3 est de $\frac{3}{4}$; le reste est facile.

EXERCICES.

Comment multiplie-t-on un nombre complexe par un nombre incomplexe? —— Un nombre complexe par un nombre complexe? —— N'y a-t-il pas plusieurs procédés? —— Lequel est le plus sûr?

CINQUIÈME LEÇON.

DIVISION DES NOMBRES COMPLEXES.

Lorsque le dividende seul est complexe, on commence à diviser par le nombre entier diviseur, le nombre de la plus grande espèce donnée, et s'il y a un reste, on le convertit en unités d'espèce immédiatement inférieure, en y ajoutant les unités de la même espèce qui peuvent se trouver au dividende; on continue de cette manière jusqu'à ce qu'on ait épuisé un dividende. Exemple :

Six personnes ont à partager 245 livres + 12 sous + 6 deniers; qu'elle est la part de chacune?

```
Liv.   so.   d.
245 + 12 + 6 | 6
24           | 40 + 18 + 9  part de chacune.
```

..5 *Reste à convertir en sous.*
```
  20
─────
100
 12 sous du dividende ajoutés.
─────
112
  6.
─────
 52
 48
─────
```
.4 *Reste à convertir en deniers.*
```
 12
─────
 48
  6 deniers ajoutés.
─────
 54
 54
─────
 00
```

Combien de livres d'une marchandise aura-t-on pour 64 livres tournois + 9 sous + 5 deniers, si la livre pesant coûte 5 livres + 8 sous + 6 deniers?

Nota. Dans ce cas, on réduit les deux nombres complexes en leur plus petite espèce, ce qui donne pour le premier 15473 deniers, et pour le deuxième 1302; on opère la division comme avec les nombres entiers, et le quotient répondra à la question.

```
15473 | 1302
 1302 | ——————
 ———— | 11 liv.
.2453
 1302
 ————
 1151 reste qu'on change en onces.
   16
 ————
 6906
 1151 | 1302
 ———— | ——————
18416 | 14 onces.
 1302 |
 ————
.5396
 5208
 ————
.188 reste qu'on change en gros.
   8 | 1302
 ———— | ——————
 1504 | 1 gros.
  202 reste qu'on change en grains.
   72
 ————
  404
 1414 | 1302
 ———— | ——————
14544 | 11 grains.
  222 reste.
```

liv. onces. gros. grains.

Total 11 + 14 + 1 + 11 + 222.

——————
1302

Dans le cas où le dividende et le diviseur sont complexes et de différens genres, on les convertit en expressions fractionnaires, en donnant à chacune pour dénominateur le nombre qui exprime combien de fois les unités de la plus petite espèce sont contenues dans l'espèce principale, et on divise comme il est dit 4ᵉ section, 15ᵉ leçon.

Un homme a reçu 75 # 8 ſ 5 ꝺ pour 13 jours 4 heures 27′ de travail ; combien gagnait-il par jour ?

Daprés la 1ʳᵉ leçon, section 3ᵉ, on a 75 # 8 ſ 5 ꝺ $= \frac{18101}{240}$, et 13 jours 4 h. 27′ $= \frac{18987}{1440}$; ainsi, il ne s'agit que de diviser $\frac{18101}{240}$ par $\frac{18987}{1440}$, qui $= \frac{18101}{240} \times \frac{1440}{18987} = \frac{26065440}{4556880}$; en extrayant les unités, on a 26065440, 4556880

$$328104 \Big\}\; 5 \text{ \# } 14 \text{ ſ } 4 \text{ ꝺ } \tfrac{5092}{6329}, \text{ qui}$$

Conversion en sous   20   fait voir que cet homme gagnait par jour 5 # 14 ſ 4 ꝺ ; presque 5.

$$\overline{}$$

6562080
2005200
182448

Conversion en deniers   12

$$\overline{}$$

364896
182448

$$\overline{}$$

2189376
366624

EXERCICES.

Comment se fait la division d'un nombre complexe par un nombre incomplexe ? —— La division d'un nombre complexe par un nombre complexe du même genre ? —— D'un nombre complexe par un nombre complexe d'un genre différent.

Section sixième.

PREMIÈRE LEÇON.

DE LA RÈGLE DE TROIS.

La règle de trois est ainsi appelée, parce qu'elle consiste dans la combinaison de trois nombres connus, pour obtenir un quatrième cherché.

Il y a deux sortes de règles de trois :

La règle de trois simple, qui ne renferme que trois nombres dans son énoncé.

La règle de trois composée, dans l'énoncé de laquelle il y a plus de trois nombres, mais qui peuvent être ramenés à trois.

On représente ordinairement le nombre inconnu par une des dernières lettres de l'alphabet ; par x, par exemple.

Les règles de trois peuvent être résolues de deux manières : par l'analyse et par les proportions géométriques.

La proportion géométrique est composée de deux rapports géométriques égaux.

On appelle rapport géométrique, le quotient d'un premier nombre divisé par un second ; ce premier nombre se nomme antécédent, le second conséquent : l'antécédent est toujours égal au conséquent, multiplié par le rapport (preuve de la division, page 61) ; ainsi, dans une proportion, le 1er nombre et le 3e se nomment antécédens ; le 2e et le 4e se nomment conséquens, et, puisque

5*

les rapports sont égaux , le 1er nombre , divisé par le 2e, donne un quotient égal à celui du 5e divisé par le 4e, ce qu'on écrit ainsi :

$$4 : 2 :: 6 : 5.$$

Et qu'on prononce 4 est à 2 comme 6 est à 5. Les deux points, entre les deux termes de chaque rapport, indiquent une division ; les quatre points , entre les deux rapports , indiquent l'égalité des rapports.

Le 1er nombre ou terme et le 4e se nomment extrèmes , le 2e et le 5e se nomment moyens.

EXERCICES.

Qu'est-ce que la règle de trois ? — Combien y a-t-il de sortes de règle de trois ? — Qu'est-ce que la règle de trois simple ? — Composée ? — De quel signe se sert-on ordinairement pour représenter le nombre inconnu ? — N'y a-t-il pas plusieurs manières de résoudre les règles de trois ? — Qu'est-ce que la proportion géométrique ? — Le rapport géométrique ? — Qu'est-ce que antécédent ? — Conséquent ? — Dans une proportion, quels sont les termes appelés antécédens ? — Conséquens ? — Comment écrit-on une proportion ? — Qu'indiquent les deux points entre les termes d'un rapport ?—Les quatre points entre les rapports ?

DEUXIÈME LEÇON.

On ne change pas la valeur d'un rapport lorsqu'on multiplie ou qu'on divise ses deux termes à la fois par le même nombre (12e leçon, 2e section, n° 5), et la proportion reste la même, soit encore qu'on multiplie ou que l'on divise les deux antécédens ou les deux conséquens par un même nombre.

Dans toute proportion, le produit des extrêmes est égal à celui des moyens ; ainsi, il y a toujours proportion soit qu'on mette les moyens l'un à la place de l'autre, les extrêmes l'un à la place de l'autre, puisque les produits auront toujours les mêmes facteurs.

Nous disons que le produit des extrêmes est égal à celui des moyens; essayons de nous en convaincre.

Si l'on avait la proportion 4 : 2 :: 4 : 2, il serait facile de voir que 4, 1er extrême, $\times$ 2, l'autre extrême, $=$ 2, 1er moyen, $\times$ 4, l'autre moyen. On peut, disons-nous, multiplier les deux termes d'un rapport ou les diviser sans changer la proportion ni le rapport. Dans la proportion ci-dessus, si l'on multiplie les deux termes du 1er rapport par 6, on aura 24 : 12 :: 4 : 2; 24, facteur du produit des extrêmes, est 6 fois plus grand que le même terme 4 de la proportion ; le produit sera donc 6 fois plus grand (leçon 12e, 2e section, n° 1); mais 12, facteur du produit des moyens, est aussi 6 fois plus grand que le même terme 2; le produit des moyens est donc aussi 6 fois plus grand, et, par conséquent, encore égal à celui des extrêmes devenu 6 fois plus grand. Remarquons, d'ailleurs, que dans deux divisions, si le dividende de l'une est plus grand ou plus petit que le dividende de l'autre, il faut, pour que le quotient soit le même dans les deux divisions, que le diviseur de la première soit, relativement à son dividende, plus grand ou plus petit que le diviseur de la seconde (12e leçon, 2e section).

Cette remarque étant appliquée aux proportions, donnera : si le 1er antécédent est un certain nombre de fois plus grand que le 2e, le 1er conséquent sera le même nombre de fois plus grand que le 2e; s'il est plus petit, le contraire aura lieu; et, comme ce 1er antécédent est facteur du produit des extrêmes et le 1er conséquent facteur du produit des moyens, il y aura compensation, et on pourra conclure que ces produits sont égaux.

La somme ou la différence des antécédens est à la somme ou la différence des conséquens, comme un antécédent est à son conséquent.

EXERCICES.

Une proportion, un rapport changent-ils lorsqu'on multiplie ou que l'on divise les deux termes du rapport par un même nombre? — La proportion est-elle altérée, si l'on multiplie ou si l'on divise les antécédens ou les conséquens par le même nombre? — Pourriez-vous dire pourquoi? — Y a-t-il toujours proportion lorsqu'on met les extrêmes l'un à la place de l'autre? — Les moyens l'un à la place de l'autre? — Pourquoi cela? — Prouvez que le produit des extrêmes égale celui des moyens? — Quelle remarque fait-on sur la somme ou la différence des antécédens?

TROISIÈME LEÇON.

Nous avons vu (preuve de la multiplication, page 60), qu'en divisant un produit par l'un de ses facteurs, on obtient l'autre au quotient; donc, puisque le produit des extrêmes est égal à celui des moyens, on obtiendra un extrême inconnu en divisant le produit des moyens par l'extrême connu, et, de même, on trouvera le moyen inconnu en divisant le produit des extrêmes par le moyen connu.

Dans une règle de trois, des trois nombres connus,

deux sont de même espèce ; nous les nommerons quantités principales : le nombre cherché et le 3ᵉ connu se nommeront quantités relatives.

Nous conseillons de former le premier rapport avec les quantités principales, et pour éviter les résultats faux, surtout lorsque la question est inverse, de dire : si la 1ʳᵉ quantité est plus grande que la 2ᵉ, la 3ᵉ sera plus grande que la 4ᵉ; si, au contraire, la 1ʳᵉ est plus petite que la 2ᵉ, la 3ᵉ sera plus petite que la 4ᵉ. Ex.:

Pour 24 mesures de vin, on a payé 192 fr.; combien devra-t-on payer pour 40 mesures?

On voit qu'il ne s'agit que de trouver un 4ᵉ nombre qui soit le prix des 40 mesures ; disons donc : si 24 mesures ont coûté 192 fr., 1 mesure a coûté $\frac{1}{24}$ de ce prix, ou $\frac{192}{24}$; puisque $\frac{192}{24}$ est le prix de la mesure, en la multipliant par 40 mesures, on aura $\frac{7680}{24}$, et en effectuant la division, 320, qui en résultent, sont le prix des 40 mesures.

Solution par les proportions.

Les quantités principales dans la question précédente sont 24 mesures et 40 mesures, les quantités relatives 192 fr. et x fr. ; ainsi on peut avoir cette proportion : plus petite quantité est à plus grande comme plus petite est à plus grande :

$$24 : 40 :: 192 : x.$$

En opérant comme il est dit ci-dessus, on a $40 \times 192 = 7680$; ce produit, divisé par 24, donne 320, qui est le 4ᵉ terme cherché, et on a la nouvelle proportion :

$$24 : 40 :: 192 : 320.$$

Remarque. En divisant les deux termes du 1ᵉʳ rapport par 8, on a 3 : 5, et les deux termes du 2ᵉ par 64, on a

5 : 5, ce qui, d'après la 2e leçon de cette section, peut se faire sans rien altérer ; on aura donc cette proportion : 3 : 5 :: 3 : 5, où il est bien évident que le produit des extrêmes est égal à celui des moyens.

On a employé 7 bœufs pendant 5 jours pour labourer un champ ; combien aurait-il fallu de jours, en employant 11 bœufs ? (Voilà une question inverse.)

Puisqu'il y a plus de bœufs, il faudra moins de jours ; le nombre de jours cherché sera donc plus petit que 5 ; ainsi on aura :

$$7\ b. : 11\ b. :: x\ j. : 5\ j.$$

En effectuant l'opération, on aura $7 \times 5 = 55$, divisé par $11 = 5 + \frac{2}{11}$; ainsi, si l'on emploie 11 bœufs, il ne faudra que 5 jours $\frac{2}{11}$ de jour pour labourer le champ dont s'agit. Par l'analyse, nous aurions dit : si 7 bœufs sont employés pendant 5 jours, ils font $\frac{1}{5}$ chaque jour, et 1 bœuf en fait $\frac{1}{7}$ de $\frac{1}{5}$, ou $\frac{1}{35}$ par jour ; 11 bœufs feront, par conséquent, $\frac{11}{35}$ par jour ; mais comme le champ est composé de $\frac{35}{35}$, en divisant cette quantité par la quantité faite dans un jour, on obtiendra le nombre de jours de travail : $\frac{35}{35} : \frac{11}{35} = \frac{35}{35} \times \frac{35}{11} = 5 + \frac{70}{385}$, ou $\frac{2}{11}$, ou simplement diviser 55 par 11 (page 99).

EXERCICES.

Comment obtient-on le terme inconnu d'une proportion, si c'est un extrême ? — Si c'est un moyen ? — Dites pourquoi ? — Qu'est-ce qu'on nomme quantités principales ? — Quantités relatives ? — Pour bien établir la proportion, que faut-il observer ? — Quel raisonnement faut-il faire ?

QUATRIÈME LEÇON.

RÈGLE DE TROIS COMPOSÉE.

La règle de trois composée a, comme nous l'avons

vu, plus de trois nombres dans son énoncé, mais qui peuvent être ramenés à trois.

Pour ramener ces nombres à trois, il faut faire le produit de tous les nombres qui ont rapport au même terme ; nous allons le prouver sur un exemple :

Un voyageur a employé 14 jours, en marchant 8 heures par jour, à faire 112 lieues ; combien fera-t-il de lieues en 9 jours, en marchant 11 heures par jour ?

En marchant pendant 14 jours et 8 heures par jour, on doit faire le même chemin qu'en marchant 14 fois 8 heures ou 112 heures, ou 112 jours, une heure par jour ; 9 jours de marche et 11 heures par jour, égalent 99 heures de marche ou 99 jours, 1 heure par jour ; ainsi, on aura cette nouvelle question :

Un voyageur a mis 112 heures à faire 112 lieues ; combien fera-t-il de lieues dans 99 heures : et on a la proportion 112 h. : 99 h. :: 112 l. : x. Il est aisé de voir que le 4ᵉ terme est 99 lieues.

Si 12 ouvriers, en 15 jours, travaillant 9 heures par jour, enlèvent 50 mètres cubes de terre, combien 15 ouvriers, en 21 jours, et travaillant 11 heures par jour, enlèveront-ils de mètres cubes de terre ?

12 ouv. $\times$ 15 $\times$ 9 : 15 ouv. $\times$ 21 $\times$ 11 :: 50 : x.

12 ouvriers en 15 jours font le même ouvrage que 15 fois 12 ouvriers ou 180 ouv. en un jour, et ces 180 ouv., en 9 heures, feront le même ouvrage que 9 fois 180 ouv., ou 1620 ouv. en une heure.

15 ouv., en 21 jours, font le même ouvrage que 21 fois 15 ouv., ou 315 ouv. en un jour.

Ces 515 ouv., en 11 jours, feront autant que 11 fois 315 ou 3465 ouv. en une heure ; on aura, par conséquent, cette proportion :

$$1620 : 3465 :: 50 : x.$$

$3465 \times 50 = 173250$, divisé par $1620 = 106 \frac{17}{18}$ mètres cubes.

Nous aurions pu dire : **Si 12 ouv.** ont enlevé 50 mètres cubes, chaque ouvrier en a enlevé le $\frac{1}{12}$ de 50 ou $\frac{50}{12}$; mais c'est en 15 jours ; chaque jour il a donc enlevé le $\frac{1}{15}$ de $\frac{50}{12}$ ou $\frac{50}{180}$; mais encore c'est en travaillant 9 heures par jour : il a donc enlevé par heure $\frac{1}{9}$ de $\frac{50}{180}$ ou $\frac{50}{1620}$, ou $\frac{5}{162}$; ainsi un ouvrier enlève $\frac{5}{162}$ de mètre cube dans une heure ; 15 ouv., dans une heure, enlèveront 15 fois $\frac{5}{162}$, ou $\frac{75}{162}$ en 11 h., $\frac{825}{162}$ en 21 jours $\frac{17325}{162}$, ou 106 mètres $\frac{153}{162}$, ou $\frac{17}{18}$. Ainsi, les derniers ouvriers enlèveront 106 mètres $\frac{17}{18}$ de mètre.

EXERCICES.

Comment ramène-t-on une règle de trois composée à une règle de trois simple ? — On demande combien 12 maçons, en 17 jours, feront de mètres de maçonnerie, sachant que 6 maçons, en 6 jours, en ont fait 111 mètres 45 cent. ? — Un courrier, en marchant 15 heures par jour, a fait en 20 jours 375 lieues ; combien doit-il marcher d'heures par jour pour faire 400 lieues en 18 jours ?

CINQUIÈME LEÇON.

DES RÈGLES D'INTÉRÊT ET DE CHANGE.

L'intérêt est la somme due au prêteur en sus du capital prêté. L'intérêt se base ordinairement à tant pour 100 par an, et c'est ce qu'on appelle le taux.

Dans ces règles, on peut avoir à chercher le montant de l'intérêt, ou le taux, ou le temps, ou le capital.

Pour le temps, nous considérons l'année composée de 365 jours et le mois de 30 jours.

Nous ne parlerons que de l'intérêt simple.

Ces règles se résolvent de la même manière que les règles de trois.

On entend par capital une somme prêtée.

EXEMPLES.

1° Quel est l'intérêt de 580 fr. prêtés à 5 pour 0/0 (pour 100) par an?

100 fr. capital : 580 fr. capital :: 5 fr. intérêt : x intérêt, ce qui donne $\frac{580 \times 5}{100}$, ou 29 fr. 00 cent.

On voit que pour connaître l'intérêt, il faut multiplier le capital par le taux, et diviser le produit par 100.

2° A quel taux faut-il prêter 9340 fr. pour avoir à la fin de l'année 653 fr. 80 cent. d'intérêts?

Pour 1 fr. on aurait $\frac{1}{9340}$ de 653 fr. 80 cent. ou $\frac{653.80}{9340}$; en multipliant l'intérêt de 1 fr. par 100, on aura le taux; ainsi, $\frac{653.80}{9340} \times 100 = \frac{65380}{9340} = 7$ fr. Ainsi le taux serait à 7 pour 0/0. Ou bien 100 : 9340 :: x : 653,80, et $\frac{653.80 \times 100}{9340} = 7$. On voit que pour connaître à quel taux l'argent est prêté, il faut multiplier l'intérêt par 100 et diviser le produit par le capital.

3° Quel est le capital, prêté à 6 pour 0/0 par an, qui donnera 283 fr. 20 cent. d'intérêt au bout de ce temps?

6 : 283 fr. 20 cent. :: 100 : x, d'où $\frac{283.20 \times 100}{6} = 4720$.

Il a donc fallu prêter 4720 fr.

Pour trouver le capital, il faut, comme l'on voit, multiplier l'intérêt par 100 et diviser le produit par le taux.

4° Pendant quel temps 1850 fr. resteront-ils prêtés, à 4 pour 0,0, pour produire un intérêt de 92 fr. 50 cent. ?

On cherche d'abord l'intérêt pour un an de la somme prêtée de cette manière :

$100 : 1850 :: 4 : x$, d'où il vient $\frac{1850 \times 4}{100} =$ 74 fr. 00 cent.

Ensuite on a cette autre proportion :

$$74 \text{ fr.} : 92 \text{ fr. } 50 :: 12 \text{ mois} : x \text{ mois}$$
$$\frac{92,50 \times 12}{74} = \frac{1110,00}{74} = 15.$$

Ainsi l'argent est resté prêté pendant 15 mois.

5° Un voyageur partant de Nancy, voudrait toucher à Marseille 7580 fr. ; quelle somme doit-il remettre au banquier de Nancy, le change étant de $2\frac{1}{2}$ pour 0/0.

Pour toucher 100 fr. à Marseille, il faudra déposer à Nancy 102 fr. 50 cent., ce qui donnera la proportion :

$$102,50 : 100 :: x : 7580$$
$$\frac{7580 \times 102,50}{100} = 7769 \text{ fr. } 50.$$

D'où on conclut qu'il faudra remettre au banquier de Nancy 7769 fr. 50 cent.

EXERCICES.

Qu'est-ce que l'intérêt? — Qu'est-ce que le capital ? — Qu'est-ce qu'on appelle taux? — Comment résout-on les règles d'intérêt? — Quel est le capital qui rapporte 82 fr. par an à 5 pour 0/0? — Quel est l'intérêt d'un an d'un capital de 1240 fr. placé à 4 pour 0/0? — Un négociant de Montpellier veut envoyer à Strasbourg une lettre de change de 1920 fr.; combien devra-t-il donner de change, à 2 pour 0/0 ?

SIXIÈME LEÇON.

RÈGLE DE SOCIÉTÉ.

La règle de société est cette opération de l'arithmétique par laquelle on divise un nombre quelconque en parties proportionnelles à d'autres nombres donnés, comme, par exemple, les profits ou les pertes d'une société en parties proportionnelles aux mises des associés.

On distingue deux sortes de règles de société, l'une simple et l'autre composée.

La règle de société est simple, si les parts ne dépendent que de la grandeur des mises des associés ou des nombres proportionnels donnés, comme dans cette question :

Deux libraires associés ont apporté, pour commencer leur commerce, l'un 12,900 fr.; l'autre 7,880 fr.; leurs profits, au bout de trois ans, s'élevaient nets à 11,560 fr. On demande combien il revient à chacun, proportionnellement à sa mise?

11560 fr. sont produits par 12900 fr. + 7880 ou 20780 fr. Si 20780 produisent 11560 fr., 1 fr. produira $\frac{11560}{20780} = \frac{578}{1039}$: en multipliant $\frac{578}{1039}$ par chacune des mises, on aura ce qui revient à chacun. Ainsi, $\frac{578}{1039} \times 12900 = \frac{7456200}{1039} = 7176$ fr. 52 c. $+ \frac{352}{1039}$ et $\frac{578}{1039} \times 7880 = \frac{4554640}{1039} = 4383$ fr. 67 cent. $+ \frac{687}{1039}$; ainsi, celui qui a mis 12900 fr. aura un bénéfice de 7176 fr. 32 cent. $\frac{352}{1039}$, et celui qui aura mis 7880 fr. aura 4383 fr. 67 cent. $\frac{687}{1039}$.

Pour résoudre cette question par les proportions, on fait d'abord la somme des mises ; cette somme et la somme des bénéfices seront les quantités principales ; la mise de chaque libraire et sa part dans le bénéfice, seront les quantités relatives. On fait autant de proportions qu'il y a de part à trouver : dans chacune de ces proportions, les deux premiers termes seront, l'une la somme des mises, l'autre celle des bénéfices. Ainsi, pour cette question, on aura ces deux proportions :

$$20780 : 11560 :: 12900 : x = \frac{11560 \times 12900}{20780}$$
$$= 7176 \text{ fr. } 32 \frac{352}{1039}.$$

$$\text{Et } 20780 : 11560 :: 7880 : y = \frac{11560 + 7880}{20780}$$
$$= 4383 \text{ fr. } 67 \frac{687}{1039}.$$

Cet exemple peut servir pour toute règle de société simple.

La règle de société est composée lorsque les parts ne dépendent pas seulement de la grandeur des mises, mais encore de circonstances de temps.

On ramène cette règle à une règle de société simple, en combinant convenablement les nombres qui ont rapport à la même part.

Trois négocians se sont associés pour une spéculation commerciale : le 1er a mis 3,800 fr. pendant 5 ans, le 2e 7,500 fr. pendant 3 ans, et le 3e 5,000 fr. pendant 6 ans : la société s'est dissoute à la fin de la 6e année avec un bénéfice de 13,500 fr. On demande le gain de chaque négociant ?

Pour ramener cette question à une règle de société simple, on doit observer que le 1er négociant, ayant mis 3,800 fr. pendant 5 ans, doit avoir la même part dans le bénéfice que s'il eût mis 5 fois 3,800 fr. pendant un an, ou 19,000 fr. ; le 2e 7,500 fr. pendant 3 ans, sont comme 22,500 fr.

dans un an , et le 3ᵉ 5,000 fr. pendant 6 ans, comme 30,000 fr. dans un an ; ainsi on aura cette nouvelle question :

Trois négocians se sont associés pour un an : le 1ᵉʳ a mis 19,000 fr., le 2ᶜ, 22,500 fr., et le 3ᵉ, 50,000 fr. ; leur bénéfice s'est élevé à 15,500 fr. Combien chacun aura-t-il ?

D'abord la somme des mises est de 19,000 + 22,500 + 50,000 = 71,500 : on aura donc ces trois proportions :

$$71500 : 15300 :: 19000 : x = \frac{15300 \times 19000}{71500}$$
$$= 4065 \text{ fr. } 73 \text{ cent. } \frac{61}{143}$$
$$71500 : 15300 :: 22500 : y = \frac{15300 \times 22500}{71500}$$
$$= 4814 \text{ fr. } 68 \text{ cent. } \frac{76}{143}$$
$$71500 : 15300 :: 30000 : z = \frac{15300 \times 30000}{71500}$$
$$= 6419 \text{ fr. } 58 \text{ cent. } \frac{6}{143}$$

Le 1ᵉʳ a, comme on le voit, un bénéfice
de   4065 fr. 73 cent. $\frac{61}{143}$
Le 2ᶜ   4814 fr. 68 cent. $\frac{76}{143}$
Le 3ᵉ   6419 fr. 58 cent. $\frac{6}{143}$

EXERCICES.

Qu'est-ce que la règle de société ? — Quand est-ce que la règle de société est simple ? — Composée ? — Comment fait-on pour résoudre une règle de société simple ? — Composée ? — Un débiteur laisse à trois créanciers 22,800 fr., au lieu de 31,400 fr. qu'il leur doit ; il doit à l'un 5,600 fr., au second 8,900 fr., et au troisième 16,900 fr. On demande quelle part doit avoir chacun des créanciers dans la somme laissée par leur débiteur ? — Trois marchands de chevaux ont loué un pré pour 460 fr. ; le premier y a laissé 24 chevaux pendant 38 jours, le second 32 pendant 28 jours, et le troisième 36 pendant 21 jours. On demande ce que chacun doit payer sur le loyer ?

EXEMPLES RAISONNÉS

APPLIQUÉS

A L'ARITHMÉTIQUE.

I.

Dans les longues soirées d'hiver, le père C...
réunissait ses enfans et leur faisait des lectures à la
fois instructives et propres à former leurs jeunes
cœurs à la vertu. Tantôt il choisissait un exemple
d'obéissance filiale, tantôt un beau trait d'humanité ; une autre fois il leur lisait, ou leur faisait lire,
tour à tour, un trait de l'histoire ancienne ou quelque chose sur la géographie. Un soir, entre autres,
il voulut faire connaître à ses enfans l'immense population de la terre. A ce sujet, il donna le livre à
Charles, l'aîné de ses fils, et le chargea de la lecture.

Charles commença ainsi : On compte communément sur une lieue carrée environ 545 habitans. Se-
lon les calculs les plus exacts, la terre habitable contient (ici Charles s'arrête ; mais après un peu d'hésita-
tion, il parvient à énoncer le nombre) 5,096,000 lieues
carrées. Le nombre total des habitans de la terre est
d'environ (Charles ne peut pas énoncer le nombre
1,070,000,000.)

Comment ! dit le père, ne connaissez-vous pas la
numération ? Prenez la plume, je tâcherai de vous
l'expliquer.

Remarquez bien que pour connaître un nombre,
il faut, en commençant à la droite, faire des virgules de trois en trois chiffres. Le premier chiffre se
prononce *unités* ; le deuxième, *dixaines* ; le troisième ; *centaines* ; le quatrième, *unités de mille* ;
le cinquième, *dixaines de mille* ; le sixième, *centaines de mille* ; le septième, *million* ; le huitième,
dixaines de millions ; le neuvième, *centaines de*

millions; le dixième, *billion* ou **milliard**, et ainsi de suite.

Ecrivez donc les nombres suivans : l'Asie contient environ six cent cinquante millions dix mille habitans ; l'Afrique en contient cent cinquante millions ; l'Europe environ cent vingt millions deux cent quarante mille, et l'Amérique cent cinquante millions deux cent vingt-cinq mille.

II.

Charles, qui avait été attentif à la leçon de son père, n'eut pas de difficulté à poser les nombres qu'il lui avait dictés ; il les présenta à son père, qui les trouva très-justes, et qui, pour l'exercer, lui donna encore à poser les nombres suivans : La population de la ville de Paris est de sept cent quatre-vingt mille six cents habitans ; celle de la ville de Londres, de neuf cent cinquante mille ; celle de Lyon, de cent mille ; celle de Bordeaux, de quatre-vingt-deux mille trois cent soixante et dix ; celle de Strasbourg, de quarante-neuf mille neuf cent quatre-vingt-dix.

III.

1° Posez cent trente-six unités ; plus, trois cent neuf ; plus, cinq cent quatre-vingt-six ; plus, neuf mille trente ; plus, quinze mille sept cent cinquante-deux.

2° Posez quarante-cinq mille trois cent vingt ; plus, cent mille ; plus, deux cent dix mille ; plus, trois cent quinze mille six cent soixante et quinze ; plus, quatre millions sept cent vingt-cinq mille neuf cent quatre-vingt-seize.

IV.

Ces nombres étant ainsi posés, le père, pour voir si Charles savait l'addition, le mit à l'épreuve par l'exemple suivant : Comme vous connaissez à présent le nombre d'habitans de chacune des parties de la terre, je désire que vous ajoutiez tous les nombres du premier exemple, et que vous n'en fassiez qu'un seul, par lequel nous pourrons connaître le nombre total des hommes qui vivent sur la terre. Cette addition faite, vous en ferez encore une autre de la population des différentes villes indiquées dans le second exemple.

On demande quelles sont les sommes de ces deux exemples?

V.

1° Quel est le total des sommes suivantes : trois cents unités ; plus, neuf cent trente-deux unités ; plus, deux mille quarante ; plus, cinquante-six ; plus, vingt-trois mille cinq cent douze.

2° Quel est le total des sommes suivantes : cent mille huit cent soixante-dix-sept unités ; plus, huit millions trois mille trente-cinq ; plus, trente-sept millions soixante-quatre mille huit cent dix-sept ; plus, deux cent sept millions cent deux.

VI.

Cinq garçons disaient une fois :
Allons, amis, jouons aux noix !
Le premier dit en avoir trente,
L'autre, qu'il en avait cinquante ;
Le troisième en avait vingt-six ;
Les deux derniers, ensemble dix.

Combien de noix avaient-ils tous ensemble ?

VII.

Dans une forteresse, un boulanger fit l'entreprise de fournir le pain à la garnison. Au bout de l'année, il présenta son mémoire qui contenait ce qu'il avait délivré chaque trimestre. Durant le premier trimestre il a fourni 56,425 pains de quatre livres pesant ; le second, 75,685 ; le troisième, 120,940, parce que la garnison avait été considérablement augmentée ; le quatrième, autant que le troisième trimestre. La somme de la fourniture du premier trimestre était de 28,212.50 ; celle du second 57,842.25 ; celle du troisième 60,470.85, et celle du quatrième égale à celle du troisième.

1° Combien de pains a-t-il fournis en tout?

2° Quelle somme a-t-il retirée?

VIII.

1° Une personne doit les sommes suivantes : 5,680 fr.; plus, 55,644 fr.; plus, 8,755 fr.; plus, 646 ; plus, 59 ; combien doit-elle en tout?

2° Une servante a apporté du marché pour 2 fr. 55 cent. de légumes ; plus, pour 5 fr. 55 cent. de beurre ; plus, pour 1 fr. 85 cent. d'œufs ; plus, pour 5 fr. 5 cent. de fruits : combien a-t-elle dépensé?

IX.

Pierre et Philippe, deux frères, reçurent de leur père une somme égale d'argent pour leur nouvel an. Pierre, qui était enclin au jeu, perdit tout son argent; Philippe, au contraire, en fit un très-bon usage. Quelques jours s'étant passés, le père leur demanda compte de l'emploi qu'ils avaient fait de leur argent, ce qui embarrassa beaucoup Pierre, qui fut obligé d'avouer qu'il l'avait perdu au jeu ; mais Philippe dit à son père : j'ai mis la moitié de mon argent dans ma bourse ; j'ai acheté le livre de lectures dont vous nous avez parlé, et qui m'a coûté 15 sous ; j'ai encore acheté 10 sous une jolie boîte que j'ai donnée à ma petite sœur, et j'ai donné les 5 sous qui me restaient à un pauvre homme qui souffrait beaucoup.

Le père était charmé du bon emploi de l'argent de Philippe, et il lui fit aussitôt un beau présent ; mais pour Pierre, il le mit dans une fabrique, où il fut obligé de travailler durement, jusqu'à ce qu'il eût gagné l'argent qu'il avait perdu au jeu.

On demande combien d'argent Pierre a perdu ?

X.

Il faut de sa santé, mes enfans, prendre soin,
De la sobriété faire toujours usage;

> Le gourmand veut aller au-delà du besoin,
> Se fait mal, et périt à la fleur de son âge.

Pierre et Philippe, dont nous avons parlé dans l'exemple précédent, eurent un nombre égal d'œufs de Pâques. Pierre, qui, outre la passion du jeu dont il a été puni, était encore enclin à la gourmandise, ne put s'empêcher de les manger tous en un jour, ce qui lui causa une indigestion et le rendit malade. Philippe alla le voir et lui dit : si tu avais fait comme moi, tu ne serais pas malade. J'ai donné le tiers de mes œufs à maman, pour les mettre sur la salade. J'en ai donné un autre tiers à mes deux sœurs et trois à mon camarade Louis, et j'en ai mangé trois moi-même.

Combien d'œufs Pierre a-t-il mangés ?

XI.

1° Si une pièce de toile a coûté 115 fr. 25 cent., combien faut-il la vendre pour gagner 55 fr. 20 c. ?

2° Un voyageur a, en partant de chez lui, emporté une certaine somme d'argent. Il en a dépensé 65 fr. pour la voiture, plus, 35 fr. 45 cent. pour la nourriture : il en a donné 15 fr. 85 cent. aux pauvres ; il lui en est resté 254 fr. : quelle est la somme qu'il a emportée de chez lui ?

XII.

L'Alsace passe avec raison pour une des plus belles provinces de la France ; bornée à l'occident par une chaîne de montagnes appelées les Vosges, et à l'orient par le fleuve du Rhin, elle ressemble à un vaste jardin arrosé de beaucoup de rivières qui se jettent dans le Rhin. La belle route qui mène de Strasbourg dans le Haut-Rhin ! Après en avoir parcouru 4ᴹ 0000, vous arrivez à Schelestadt. De cette ville il y a 2ᴹᴹ 2222 jusqu'à Colmar, chef-lieu du Haut-Rhin. De Colmar à Mulhouse vous parcourez 3ᴹᴹ 1111 ; de là, jusqu'aux frontières du côté de la Suisse, on compte encore 3ᴹᴹ 5555. Si vous admettez que de Strasbourg jusqu'aux frontières du Bas-Rhin, du côté de la Bavière, il y a 6^{m} 2221, quelle sera la longueur de l'Alsace en myriamètres?

XIII.

1° Posez cinq myriamètres, quatre hectomètres, six décamètres, trois décimètres; plus, quinze kilomètres, vingt-cinq mètres, cinquante centimètres; plus, vingt myriamètres, trente-quatre mètres, cent soixante-cinq millimètres; combien feront-ils de mètres?

2° Un maçon a fait 46 mètres 55 centimètres d'ouvrage en 10 jours; plus, 15 mètres 9 decimètres en 6 jours; plus, 55 mètres 5 centimètres en 20 jours; on veut savoir combien il a fait de mètres d'ouvrage, et combien il a travaillé de jours?

XIV.

Joseph, petit garçon très-dissipé, vint un jour en pleurant raconter à sa mère sa triste aventure. Maman, dit-il, là-bas, sur la place du Marché, j'ai joué aux jetons avec ce méchant trompeur de Louis; à force de tromper, il m'a presque tout gagné, et quand je lui ai dit qu'il était un trompeur, il m'a encore donné des coups.— Je m'y attendais bien, répondit la mère; je te connais un peu enclin à la querelle. Pourquoi l'appelles-tu trompeur et méchant? Est-ce que tu vaux mieux que lui? — Oh! oui, maman; je ne trompe jamais.— Pourquoi recherches-tu donc la société d'un trompeur? Pour toute consolation je te donne cette leçon, que tu seras obligé de me répéter tous les jours :

> Il faut bien réfléchir avec qui l'on se lie;
> Car la société des hommes vicieux
> Nous les fait imiter, nous perd, nous humilie;
> Et l'ami du méchant n'est jamais vertueux.

Mais, dis-moi, combien de jetons as-tu donc perdus? — Quand j'ai commencé à jouer, j'en avais 55; et puis j'en ai encore acheté pour six sous, et j'en ai eu huit pour un sous; maintenant j'en ai encore dix-sept.

Combien de jetons a-t-il perdus?

XV.

1° Un homme dépense par an 600 fr. pour sa nourriture ; autant pour son entretien ; 150 fr. pour achat de livres ; 300 fr. pour loyer ; il donne 100 fr. aux pauvres, et il lui reste encore 250 fr. ; quel est son revenu ?

2° Un particulier fait ses provisions, savoir : 3 pièces de vin à 115 fr. chacune ; plus, 15 kilolitres de blé pour 450 fr. ; plus, 30 stères de bois pour 210 fr. ; plus, pour 100 fr. de légumes ; plus, pour 220 fr. de toile ; plus, pour 150 fr. d'étoffe ; combien a-t-il dépensé ?

XVI.

Quelle reconnaissance ne devons-nous pas à ces hommes infatigables, ces astronomes qui ont osé calculer l'immensité des œuvres du Créateur ! D'après leurs recherches, on peut soutenir avec vraisemblance que le soleil est un million de fois plus grand que la terre, malgré sa petitesse apparente qui provient de son énorme distance de la terre ; car il en est éloigné d'environ trente-cinq millions de lieues. La lune, quoiqu'infiniment plus petite, nous paraît à peu près aussi grande que le soleil, parce qu'elle n'est pas aussi éloignée de nous ; car sa distance de la terre n'est que de quatre-vingt-dix mille lieues.

De combien le soleil est-il plus éloigné de nous que la lune ?

XVII.

Saint Louis, roi de France, l'un des plus vertueux et des plus grands princes qui aient porté la couronne, naquit le 25 avril 1215. Dans sa seconde expédition dans la Terre-Sainte, il assiégea et prit la ville de Tunis ; mais la maladie s'étant mise dans son armée, il en fut attaqué lui-même et en mourut le 25 août 1270.

Combien de temps a-t-il vécu ?

XVIII.

Henri IV, surnommé le grand, à cause de ses grandes actions et de ses belles qualités, naquit à Pau, le 15 décembre 1555. Ce bon roi, le père de son peuple, disait qu'il voulait rendre son royaume si florissant que le moindre de ses sujets eût tous les dimanches une poule à mettre dans son pot; il fut néanmoins tué par un nommé Ravaillac, le 14 mai 1610.

Combien de temps a-t-il vécu, et combien de plus que saint Louis?

XIX.

1° Ma fille naquit en 1819; dans quelle année aura-t-elle 45 ans?

2° J'ai acheté une maison qui a été bâtie en 1752; combien d'années a-t-elle en 1832?

XX.

Jean, marchand-épicier, se plaignait beaucoup du peu de débit qu'il avait de ses marchandises. Tous les ans, au 1ᵉʳ janvier, il faisait le relevé de ce qu'il avait vendu pendant l'année, et de ce qui lui restait encore dans la boutique des provisions qu'il avait faites. Quand il fit son relevé de 1850, il trouva, à l'article du café, qu'il lui restait encore 7 quintaux 65 livres 9 onces de la provision qu'il avait faite de 10 quintaux 50 livres 12 onces. A l'article du sucre, il lui restait $2^{mg} + 25^{ng} + 6^{dc}$ de la provision de $5^{mg} + 6^{kg} + 9^{dg}\,15^{c}$. On demande:

1° Combien il a vendu de café? 2° Combien de sucre?

XXI.

On a acheté pour l'année 52 kilogrammes de sucre; plus, 30 kilogrammes 5 hectogrammes de café; plus, 25 litres 4 décilitres d'huile. Au bout de l'année, il reste 9 kilogrammes 5 hectogrammes de sucre; 5 kilogrammes de café; 3 litres 6 déci-

litres d'huile; combien a-t-on dépensé de ces différens articles?

XXII.

« Ma fille, comme vous êtes en âge de pouvoir
» m'être utile dans les affaires de la maison, je vous
» charge de faire dorénavant les approvisionnemens
» du ménage; demain vous irez donc au marché faire
» emplette de ce dont nous avons besoin; mais pour
» vous corriger de votre étourderie et de votre peu
» d'exactitude à remplir les ordres qu'on vous donne,
» vous serez obligée à payer de votre bourse ce
» dont vous vous tromperez dans les achats que
» vous ferez. »

Ainsi disait la mère d'Adèle, et le lendemain, jour
de marché, elle lui remit 8 fr. 50 cent. pour acheter
différens objets, comme du beurre, des œufs, etc.

Pour cet argent elle apporta à la maison :

Cinq douzaines d'œufs à 50 cent. la douzaine;

Deux livres de beurre à 65 cent. la livre;

Une oie pour 1 fr. 80 cent. Elle rapporte en
outre encore en argent 1 fr. 50 c.

1° De combien s'est-elle trompée? 2° Si elle
avait dans sa bourse 10 fr., combien lui en res-
tait-il?

XXIII.

1° Un journalier devait recevoir 25 fr. 50 cent.
pour le travail d'une semaine; mais comme il a
manqué deux jours, on lui retient 6 fr. 75 cent.;
combien doit-il encore recevoir?

2° Quelle est la somme qui ferait 15645, si l'on
y ajoutait 2432?

XXIV.

Mes enfans, dit le père C...., je vais vous expliquer le nouveau système monétaire de la France.
Vous jugerez par vous-mêmes combien cette nouvelle méthode est préférable à l'ancienne. Je vais

vous apprendre à réduire en un instant les francs en centimes et les centimes en francs.

Pour réduire les francs en centimes, on n'a qu'à ajouter deux zéros au nombre qu'on veut réduire ; par exemple, 35 fr. ; je mets 3500, cela fait trois mille cinq cents centimes. Au contraire, pour réduire les centimes en francs, je retranche les deux derniers chiffres à droite du nombre, alors les chiffres à gauche sont des francs, et les deux chiffres retranchés restent des centimes. Par ex. : 3550 cent. font trente-cinq francs cinquante centimes.

La raison en est toute claire. En retranchant d'un nombre les deux derniers chiffres à droite, ce nombre devient cent fois plus petit, et comme cent centimes font juste un franc, il est clair que les centimes deviennent des francs. De même en ajoutant deux zéros à un nombre, il devient cent fois plus grand, et par conséquent les francs sont changés en centimes.

Comprenez-vous cela, mes enfans ?

Oui, papa. — Eh bien ! changez maintenant en francs ce nombre : 874556 centimes, et en centimes celui-ci : 94528 francs.

XXV.

Le lendemain, les enfans se réunirent et prièrent leur père de vouloir les instruire encore sur le nouveau système. Le père leur dit : Vous remarquez sans doute l'avantage de cette nouvelle méthode de calcul sur l'ancienne, dans laquelle il fallait réduire les deniers par 12 en sous, et les sous par 20 en livres. Je vais vous montrer un nouvel avantage du système métrique ; vous en connaissez sans doute les dénominations. — Oh ! oui, ce sont myria, kilo, hecto, déca, et les unités, qui sont de six espèces, savoir : mètres, grammes, litres, ares, stères, francs ; puis viennent les déci, centi et milli. — Bon ! Remarquez donc que si l'on sait le prix d'un hecto, l'on connaît à l'instant aussi le prix de l'unité ; car

un hecto faisant 100 , et 100 cent. valant 1 fr.,
il est clair que l'unité vaudra autant de centimes
que l'hecto vaut de francs. Par exemple : si 1 hectolitre vaut 50 fr., le litre vaudra 50 cent. ; si une
mesure de vin de 50 litres (nouvelle mesure) vaut
15 fr., le litre vaudra 30 cent., car 50 étant la moitié
de 100 , il faut prendre en centimes le double des
francs que valent les 50 litres.

Vous comprenez cela. — Oui, papa. — Faites
donc les opérations suivantes :

1° Un hectare de pré vaut 1645 fr., combien en
vaut l'are ?

2° Si la nouvelle mesure, tous frais payés, coûte
18 fr. 50 cent., à combien revient le litre ?

XXVI.

Un vigneron a fait faire un tonneau qui contient
1575 litres. Il l'emplit de vin, dont il estime la
mesure à 22 fr. ; mais il ne peut le vendre qu'à
19 fr. 50 cent. la mesure ; combien en retire-t-il ?
et combien en aurait-il retiré s'il l'avait vendu au
prix qu'il demandait ?

XXVII.

Un jeune homme, âgé de 15 ans , nommé Joseph,
eut l'idée de se mettre dans le commerce. Il était
actif, entreprenant, et quoiqu'il eût perdu ses parens de bonne heure, il marchait toujours dans le
sentier de la vertu. Quoi ! se dit-il, passerai-je ma
jeunesse dans l'inaction et l'oisiveté ? Les biens que
mes chers parens m'ont laissés à leur mort, les dis-
siperai-je sans penser à l'avenir qui viendrait m'acca-
bler du fardeau de la tristesse ? Si je ne sème pas dans
le printemps de ma vie, de quel œil, quand l'été sera
venu, verrai-je récolter ceux qui auraient mieux employé leur jeunesse ? Non ! dès ce moment je veux
tâcher de me former un avenir heureux ; il me faut
de l'occupation, et j'irai la chercher chez un grand
commerçant où je ne pourrai manquer de besogne.

Il alla donc aussitôt à Francfort-sur-le-Mein, et s'adressa à un négociant en gros. Celui-ci lui proposa quatre ans d'apprentissage. — Quatre ans! c'est trop, lui dit Joseph; je crois qu'en trois ans, avec la peine que j'ai résolu de me donner, je peux être au fait de vos affaires. Le marchand lui demanda, entre autres choses, s'il connaissait déjà le calcul. — J'en ai un commencement, dit Joseph. Pour examiner les dispositions du jeune homme, le marchand lui donna à calculer ce qui suit:

1° Combien coûtent 45 livres de sucre à raison de 186 fr. le quintal?

2° Si le quintal de café coûte 245 fr., combien en coûteront 57 livres?

3° A combien reviennent 82 livres de sirop, si le quintal coûte 76 fr.?

Joseph. Je n'aurai pas grande peine à calculer cela. Comme il y a cent livres dans le quintal, la livre doit coûter autant de centimes que le quintal coûte de francs; je n'ai donc qu'à multiplier le nombre des livres avec le prix du quintal, que je regarde comme des centimes, et toutes ces opérations seront faites.

Le négociant fut si content de lui qu'il lui remit deux ans de son apprentissage.

Quel est le produit de ces trois opérations?

XXVIII.

Sur un terrain communal on a planté 350 arbres; on demande 1° si chaque arbre produisait par an pour 6 fr. de fruits, quel en était le produit en un an? 2° Combien d'argent la commune en retirerait-elle en dix ans?

XXIX.

1° Un marchand a vendu en un jour 20 pains de sucre, pesant chacun 4 kilogrammes 5 hectogrammes, à raison de 1 fr. 40 cent. le kilogramme; combien en a-t-il reçu d'argent?

2° Un laboureur a récolté 85 kilolitres de blé; il

estime le kilolitre à **23** fr. **50** cent. ; combien vaut sa moisson ?

XXX.

Jules, Louis et Henri, trois frères, allèrent ensemble faire des vœux à leur père sur son anniversaire. Celui-ci les reçut avec plaisir et leur dit : Mes chers fils, vous me souhaitez encore une longue vie, vous désirez que vous puissiez m'exprimer vos vœux encore cinquante ans. Vous savez que cela ne dépend que du bon Dieu ; mais ce qui dépend de nous, quelle que soit la durée de notre vie, c'est que nous marchions toujours dans le chemin de la vertu. Celui qui ne s'en est jamais écarté, mourût-il à la fleur de son âge, peut dire qu'il a vécu longtemps et heureux. C'était là et ce sera toujours le but où j'aspire. Mon plus grand bonheur sur la terre serait de pouvoir encore long-temps vous voir suivre ce beau chemin. Mais si un d'entre vous avait le malheur de s'en écarter, ce serait alors que la vie deviendrait un triste fardeau pour moi ; j'aurais vécu trop long-temps. Vous savez sans doute le nombre d'années que j'ai déjà vécu : j'entre précisément dans ma soixante-deuxième. Je récompenserai celui de vous qui me calculera combien de minutes depuis que je suis au monde. L'année contient 365 jours et 6 heures ; le jour se compose de 24 heures, l'heure de 60 minutes.

XXXI.

Jules, l'aîné des trois frères, présenta le premier son opération à son père, qui la trouva très-juste. Louis, qui s'était donné beaucoup de peine, n'en put pas sortir, parce que, disait-il, il se trompait toujours dans la trop grande multiplication. Le père lui dit : Pour éviter ces grands nombres je te donnerai un autre exemple. Tu as maintenant l'âge de 13 ans 7 mois et 25 jours ; dis-moi combien il y a de minutes que tu es au monde ?

XXXII.

Ces opérations finies, le père dit à ses fils : Vous voyez, d'après le calcul de Jules, quelle quantité prodigieuse de minutes il y a déjà que je suis au monde. Comme j'ai à peu près atteint l'âge qui sert de terme à la vie humaine, cette année pourra fort bien me ranger du côté du grand nombre de ceux qui meurent tous les ans. D'après ce calcul très-vraisemblable, il meurt chaque minute 60 hommes. Voyons maintenant, pouvez-vous encore me calculer le nombre des morts en un an ?

XXXIII.

Un instituteur avait fait un règlement par lequel chaque élève était obligé de payer 5 centimes par mauvais point qu'il méritait, outre les pensums qu'on lui donnait encore. La somme amassée de cette manière fut partagée au bout de l'année entre ceux des différentes classes qui avaient fait les meilleures compositions. La première classe obtint la moitié de toute la somme. La seconde eut moitié autant que la première. La troisième eut 9 fr. 50 cent. La quatrième 8 fr., et la cinquième 6 fr. 50 c.

On demande, 1° combien d'argent reçut la première ?

2° Combien la seconde ?

3° Quelle était la somme totale ?

4° Combien il y avait de mauvais points ?

XXXIV.

Je me suis réveillé de bon matin, je me suis levé aussitôt, et je me suis habillé. J'ai pris de l'eau, je me suis lavé les mains et la figure. Cela fait, j'ai dit mes prières du matin, demandant à Dieu ses grâces pour la journée. Puis j'ai embrassé mon père et ma mère, j'ai pris mes livres et me suis rendu en classe. En entrant, j'ai salué mon maître et me suis assis tranquillement à ma place. Le maître m'appelle au tableau et me propose cette question d'arithmétique : cette salle peut contenir un dixième plus d'élèves que vous n'êtes en ce moment ; il doit en venir 50 nouveaux pour le mois prochain, cela fera en tout 140. Dites-moi, 1° combien êtes-vous d'élèves en ce moment? 2° Quand les 50 nouveaux seront venus, y aura-t-il de la place pour tous? 5° Combien serai-je obligé d'en renvoyer?

XXXV.

Qu'une ville est heureuse quand elle jouit de sages règlemens de police, et que ces règlemens sont bien observés ! Je n'en rapporterai qu'un petit exemple, pour faire voir quel avantage il en résulte. Les gardes de police de la ville de N...., faisant leur ronde de nuit, passaient devant la maison d'un marchand de vin. Une forte odeur de vin, qui venait de cette maison, leur fit juger que peut-être un tonneau coulait. Ils l'annoncèrent au marchand qui était profondément endormi, ainsi que tout le monde de la maison. Ils descendirent dans la cave, et quelle fut leur surprise quand ils la virent déjà inondée de vin ! En effet, quatre tonneaux coulaient. On chercha aussitôt du secours, et après avoir réparé les tonneaux, on vit qu'heureusement la perte n'était pas aussi grande qu'on l'avait cru d'abord. Du premier tonneau étaient coulés 2 hectolitres + 8 déca et 6 décilitres. Du second, 9 déca et 8 décilitres. Du troisième, 1 hecto + 5 litres. Du quatrième, 5 décalitres 6 litres 7 décilitres.

Combien cela fait-il en tout? et si l'hectolitre valait 45 fr., quelle fut la perte en argent?

XXXVI.

Pour revenir à l'exemple précédent, qu'on juge de la perte que le marchand eût essuyée sans la vigilance de la police; car sans doute les quatre tonneaux se seraient vidés dans cette même nuit. Le premier tonneau contenait 2 kilolitres 6 hecto ; les trois autres chacun 1 kilo 8 hecto. Qu'on calcule de quelle somme il est redevable à la bonne police après avoir fait déduction de sa perte, l'hectolitre compté à 45 fr.

XXXVII.

1° Un marchand de vin a acheté 655 hectolitres de vin, à raison de 17 fr. 75 cent. l'hectolitre; il le revend à 26 fr. 50 cent. l'hectolitre; combien y gagne-t-il?

2° Si un marchand de vin a 56 tonneaux, contenant chacun 16 hectolitres, combien lui faudrat-il de vin pour les remplir?

XXXVIII.

Charles XII, roi de Suède, guerrier extraordinaire, inflexible, et poussant le courage jusqu'à la témérité, fut pendant neuf ans l'effroi du nord et l'admiration du monde. A l'âge de 18 ans, il assiégea Copenhague, et força le roi du Danemarck à lui demander la paix. En allant au siège de cette ville, sous un feu terrible des ennemis, il demanda à l'un de ses officiers ce que c'était que le sifflement qu'il entendait autour de lui. — Ce sont les coups de fusil que les ennemis vous tirent, dit cet officier. — Bon, répliqua Charles, ce sera là dorénavant ma musique. Quelque temps après, le 30 novembre 1700, il battit auprès de Narva 100,000 Russes avec 8,000 Suédois, conquit toute la Pologne, et y fit un autre roi, nommé Stanislas, à la place d'Auguste qu'il chassait de ses états.

Mais la fortune, si inconstante dans la vie humaine, se changea terriblement pour Charles à la bataille de Pultawa, l'an 1709. Lui-même, blessé, se sauva à peine avec 1,800 hommes qui lui étaient restés d'une armée de 35,000. Il se réfugia chez les Turcs, qui le reçurent en hospitalité avec toute sa troupe, et pourvurent son camp de tout le nécessaire. Le sultan lui paya en outre tous les jours 500 écus en argent.

Charles paya toutes ses attentions avec la plus noire ingratitude. Toujours animé contre le czar de Russie, il voulait, pour lui faire la guerre, que la Sublime Porte lui donnât une armée de 100,000 hommes. A la fin, les Turcs se lassèrent de cet hôte, et lui signifièrent d'évacuer leur pays. Charles ne voulant pas quitter, se battit en désespéré avec 300 Suédois contre 20,000 Turcs et Tartares. Le nombre l'emporta enfin, et il fut pris, mais traité avec estime ; seulement, au lieu de 500 écus, on lui en donna encore 25 les derniers jours.

C'est ainsi qu'il vivait en Turquie depuis le 15 juillet 1709 jusqu'au 1er septembre 1714.

Combien sa visite a-t-elle coûté au Sultan, qui, tout compris, lui donnait tous les jours 1,800 fr. ?

XXXIX.

Alexandre et Denis se promenèrent un jour dans le verger de leur père. L'idée vint à Denis de compter combien d'arbres il y avait; Alexandre lui dit : Pour savoir cela je n'ai pas besoin de tant de peine ; je te le dirai dans un instant. — Et comment cela, dit l'autre ? — Je n'ai qu'à compter un rang d'arbres en longueur et un en largeur, et je multiplie ensuite ces deux nombres l'un par l'autre. — Oh ! cela n'est pas difficile, répliqua Denis, et je le sais aussi maintenant. — Eh bien ! si tu le sais, dit Alexandre, compte combien de tuiles il y a sur le toit de notre maison.

Denis. Dans le dernier rang en longueur, il y en a 115, et dans le rang en hauteur, il y en a 45.

Combien y en a-t-il sur les deux côtés ?

XL.

Quelle est la surface d'une salle qui a 45 pieds de longueur et 42 de largeur ?

XLI.

L'agriculture est très-ancienne, car dès que les hommes se furent augmentés en nombre, il leur fallut demander à la terre des alimens pour vivre, et par conséquent se mettre à la cultiver. Est-il un spectacle plus agréable que la campagne? Le cultivateur n'est pas un homme oisif, tel qu'on en trouve souvent dans les villes. Il a toujours à travailler, et c'est ce travail, ce mouvement continuel qui le préserve des maladies et le fait jouir d'une bonne santé. Quel plaisir pour lui d'étancher sa soif dans une fontaine d'une eau pure! Le soir, quand le cultivateur rentre chez lui, il trouve un délassement auprès de sa famille. Il aime à s'entretenir avec elle; il montre à ses enfans le chemin qui conduit à la vertu, ce chemin qui semble au premier coup d'œil rude et difficile, mais qui ne paraît plus pénible une fois qu'on y est entré; au contraire, il est doux, facile et plus agréable que celui qui conduit au vice. Supposons qu'un cultivateur possède 20 arpens de terre. Admettons que l'arpent vaut 1000 fr. Pour peu qu'il soit actif, il peut retirer 12 pour cent de revenu de ses biens. Si cet homme a une famille de 6 personnes à entretenir, dont chacune lui coûte 250 fr. par an; qu'en outre il paie pour 100 fr. de capital, 50 centimes de contributions; calculez:

1° Quelle est la valeur totale de ses 20 arpens de terre?

2° Quels sont ses revenus à 12 pour cent?

3° Quelle est la dépense totale de sa famille?

4° Quelle est la somme de ses contributions?

5° Que lui reste-t-il au bout de l'année?

XLII.

La forme du globe que nous habitons est ronde; si elle nous paraît aplatie, c'est que nous n'en pouvons découvrir avec nos yeux qu'une très-petite partie. Sa rondeur n'est pourtant pas tout-à-fait celle d'une boule; car le globe est un peu aplati vers ses deux bouts, qu'on appelle pôles. Pour connaître la position d'un lieu relativement à un autre, on a imaginé, en géographie, des degrés. On compte

560 degrés sur la terre ; chaque degré contient 25 lieues; la lieue est composée de 2280 toises 33 centièm.

Quelle est donc la circonférence de la terre , 1° en lieues ? 2° En toises ?

XLIII.

Voyez-vous, maman, des éclairs, dit un jour la jeune Sophie. Oh! que j'ai peur! chaque fois que j'entends le tonnerre, je crois que la foudre va tomber. — Vous n'êtes pas raisonnable, lui dit sa mère; venez que je vous fasse une petite explication pour dissiper votre peur. Tous les sons en général se communiquent à nos oreilles par le moyen de l'air. Cet air consiste en de petites parties ; une de ces parties porte le son, par un certain mouvement, à une autre partie, et ainsi de suite, jusqu'à ce qu'il arrive à nos oreilles. Mais la communication de ces parties de l'air est si prompte, qu'en 15 secondes ou $\frac{1}{4}$ de minute le son se fait entendre à une lieue de distance. Calculez donc , lorsque vous voyez des éclairs et que vous entendez, une minute après , le coup de tonnerre, à quelle distance de vous est le nuage d'où est sortie cette explosion.

XLIV.

Un voyageur. Monsieur, puis-je avoir des chevaux ? je désirerais passer outre le plus promptement possible.

Maître de poste. Veuillez bien attendre seulement une heure ; j'ai envoyé tous mes chevaux pour faire chercher mes parens et amis qui doivent assister au baptème de mon fils, dont ma femme est accouchée hier.

Voyageur. En ce cas j'y consens ; mais ne voudriez-vous pas m'accepter pour parrain?

Maître de poste. Comme l'usage nous permet de prendre plusieurs parrains à un même baptème, ce sera avec beaucoup de plaisir.

Une demi-heure après, tout le monde arriva, ainsi que l'ecclésiastique. Celui-ci demanda de l'encre et une plume, et le maître de poste, en les lui donnant, lui recommanda d'inscrire aussi ce voyageur.

Ecclésiastique (au voyageur). Quel est votre nom?

Voyageur. C'est Joseph.

Ecclésiastique. Et votre nom de famille?

Voyageur. Joseph suffit.

Ecclésiastique. Je devrais pourtant le savoir.

Voyageur. Joseph II.

Ecclésiastique. Et votre dignité?

Voyageur. Empereur romain.

A ce mot tous les assistans pâlirent, et le maître de poste se jeta aux genoux de sa majesté; mais Joseph le releva et rassura la société par une conversation gracieuse.

Après le baptême, l'empereur fit présent à l'accouchée de 50 ducats; à l'enfant, il fit une pension de 300 florins de Vienne. Les autres présens consistaient en 40 florins.

Combien coûta ce baptême à l'empereur, un ducat valant 11 fr., et un florin 2 fr. 60 cent., et l'enfant n'ayant vécu que jusqu'à l'âge de 9 ans et 3 mois?

XLV.

Pourquoi pleurez-vous tant, ma chère fille, dit un jour la mère de Julie.—Oh! ma chère maman! répondit-elle, ne devrais-je pas pleurer quand je considère l'état de misère où la cherté des vivres nous réduit? Je vois combien de peine vous vous donnez pour pourvoir à la subsistance de nous quatre enfans, et malgré cela nous allons être à la dernière extrémité; voilà déjà huit jours que nous n'avons plus rien à gagner et nous n'avons presque plus de provisions. — Quoi, ma chère Julie, vous à qui je connais tant de piété, avez-vous perdu l'espérance en la bonté de Dieu!

> Voyez les oiseaux dans les airs,
> Les animaux dans leurs retraites,
> Les poissons plongés dans les mers

Trouvent leurs nourritures prêtes.
Si Dieu conserve jusqu'au ver,
Et même l'animal sauvage,
L'homme lui serait-il moins cher?
L'homme seul fait à son image!

Sachez donc que je viens de recevoir pour un mois de travail ; j'ai calculé nos dépenses , elles montent à 4.50 par jour. Je peux compter que je gagne journellement 3 fr. pendant les 30 jours pour lesquels nous avons de l'ouvrage. Vous pouvez gagner 2.50 par jour ; votre sœur Sophie gagnera 1.50.

Calculez donc quelle somme nous gagnerons pendant ce mois, et ce qui nous restera en déduisant nos dépenses journalières?

-XLVI.

Un particulier acheta une pièce de terre ; il eut l'idée d'en faire un verger, et en ce dessein il fut la voir avec son fils Constant. Mon cher Constant , lui dit-il , calcule-moi combien il me faudra d'arbres pour cette pièce, chaque arbre éloigné de l'autre de deux mètres. Tu dois connaître le nouveau système.

Constant. Oui , papa. Dans le nouveau système, le mètre est le point principal d'après lequel on mesure toutes les longueurs ; il contient 3 pieds 11 lignes + 296 millièmes de ligne. Un morceau de terrain qui a un mètre de long et un de large (par conséquent un mètre carré), s'appelle centiare, ou la centième partie d'un are. Cent mètres carrés ou centiares, font un are , et cent ares font un hectare, et cela est la dénomination ordinaire dont on se sert pour la mesure des champs, comme autrefois on s'est servi des mots *jours* ou *arpens ;* mais voudriez-vous bien me dire quelle est la dimension de notre pièce? — Elle contient 250 mètres en longueur et 125 en largeur.

1° Combien de mètres carrés ou centiares contient-elle? et 2° si les arbres doivent être éloignés l'un de l'autre de 2 mètres, combien en faudra-t-il?

XLVII.

Vous qui possédez tant de charmes,
O fleurs des jardins l'ornement!
Mes yeux en vous considérant
Ne peuvent que verser des larmes.
La mort que dans le sein je porte
Mine mon bonheur peu constant.
Rose! en un jour vous êtes morte,
Et moi peut-être en un instant.

Ainsi parlait Bertrand en se promenant dans son jardin, tout accablé de tristesse à cause de la perte de son épouse. Celle-ci, en mourant, lui a laissé deux enfans, dont l'aîné avait 3 ans. Il donna aussitôt une gouvernante à ses enfans, à laquelle il payait par an 800 fr. Quand l'aîné, qui était un garçon, eut 9 ans, il prit pour lui un gouverneur à la maison, à qui il payait 600 fr. par an, lui donnait la table et le logement, ce qui revenait encore à 600 fr. par an. Il congédia la gouvernante qu'il avait eue à la maison pendant six ans, et mit l'autre enfant, qui était une fille, et qui avait alors 8 ans, dans une pension pendant sept autres années, où il paya 700 fr. par an; au bout de ce temps, il la retira pour l'établir. Quand le fils eut 12 ans, M. Bertrand congédia aussi le gouverneur, et mit son fils dans un collége jusqu'à l'âge de 18 ans; il paya pour lui 850 fr. par an, y compris les leçons d'arts d'agrément qu'il lui faisait donner. A cet âge, croyant son éducation achevée, il chercha et obtint pour lui une place au ministère.

1° Combien M. Bertrand a-t-il dépensé pour l'éducation de ses enfans? 2° Combien celle de son fils lui a-t-elle coûté de plus que celle de sa fille?

XLVIII.

Oh! le bon marché que je viens de faire! dit un grand seigneur à son intendant; vous savez que mon fils a perdu au sort; comme il est avantageusement placé, et que je ne veux pas employer la protection pour le faire exempter, je viens de lui acheter un remplaçant. Cet individu me demanda d'abord 3,000 fr. ; mais comme ce prix me paraissait trop haut, il me fit une autre proposition, et voici laquelle : il me dit que pour tout le temps de son service, il veut que je ne lui paie que le premier mois, de manière que pour le premier jour je lui donne 1 sou, pour le second 2 sous, pour le troisième 4 sous, et ainsi de suite en doublant toujours jusqu'à 30. Je vois bien que le pauvre homme y perdrait ; aussi j'ai résolu d'y ajouter quelque chose. Calculez-moi donc combien il faut que je lui paie.

L'intendant se mit à calculer, et quand il eut fini, il dit : Monsieur, avez-vous conclu le marché?

— Je l'ai conclu à une condition près, et qui est que si je ne voulais pas accepter cette dernière proposition, je serais obligé de payer les 3,000 fr.

— Vous êtes très-heureux, monsieur, qu'on vous ait accordé cette condition.

— Eh! comment cela? Le marché que j'ai préféré ne serait-il pas plus avantageux que de payer 3,000fr.?

— Voudriez-vous avoir la bonté de me dire quelle est à peu près votre fortune?

— Je l'estime à trois millions.

— Eh bien! si à côté de votre fortune, vous empruntez encore une cinquantaine de millions, vous aurez à peu près assez pour payer le remplaçant de votre fils.

Quelle était la somme au juste?

XLIX.

Mon cher voisin, dit un jour Jacques à Ferrand, vous devriez bien me vendre votre jardin qui est attenant à ma maison neuve; j'en aurais bien besoin et vous n'en retirez pas grand profit; voyons, qu'en demandez-vous? peut-être ferons-nous marché.

— Dans mon jardin il y a 20 arbres, répondit Ferrand ; je vous le vendrai si vous me payez pour le premier arbre 5 centimes, pour le second 10, le troisième 20, etc., toujours en doublant jusqu'à 20.

— Vous n'y feriez pas fortune, reprit Jacques ; mais une autre fois pas de ces plaisanteries ; faites un prix, vous êtes sûr que je vous le paierez mieux que qui que ce soit, car je tiens beaucoup à le posséder.

— Je ne le vends qu'au prix que je viens de vous dire ; si vous voulez ainsi, le marché est conclu.

— Soit ; vous êtes témoins, messieurs, dit Jacques aux personnes qui se trouvaient dans la société. Alors ils commencèrent à calculer.

A combien revenait le jardin ?

L.

C'est l'usage à la campagne que dans les longues soirées d'hiver plusieurs habitans se réunissent tantôt chez l'un, tantôt chez l'autre, pour passer le temps. Ils s'entretiennent de leurs affaires, et, à les entendre raconter, on dirait qu'ils ont été des héros ; car c'est à qui peut le mieux exagérer, d'autant plus qu'il ne se trouve ordinairement personne dans la société qui ait assez de pénétration pour pouvoir rectifier les inexactitudes et les erreurs volontaires.

Dans une de ces réunions se trouvait Georges, vieux militaire, qui se plaisait à raconter ses exploits et à les grossir comme il arrive ordinairement. Il raconta qu'en faisant la campagne d'Autriche, il entra un jour avec plusieurs de ses camarades dans un château qui était abandonné de ses habitans. En parcourant les appartemens de ce château, il découvrit dans quelque coin un coffre rempli d'argent. Il le chargea aussitôt sur ses épaules, et l'emporta jusqu'à son régiment, qui était à une lieue de là. Le colonel du régiment fit compter l'argent, dont il y avait une somme de 30,000 fr. en pièces de 5 fr. ; il le renferma dans le coffre, et le fit rendre sur-le-champ au propriétaire du château.

Dans la société se trouva Pierre, homme plus éclairé que les autres. Il commença à rire de cette narration, ce qui offensa toute la société. Pierre dit: Si je vous prouve que Georges vous a menti, il sera obligé de nous régaler demain au soir. Tous y consentirent ; là-dessus Pierre commença à calculer le poids des 30,000 fr. en pièces de 5 fr. Comme une pièce de 5 fr. pèse 25 grammes, il trouva par son calcul un poids que Georges n'était pas capable de soulever de terre.

1° Combien ces 30,000 fr. font-ils d'écus de 5 fr.?

2° Quel en est le poids en myriagrammes?

3° Si vous êtes assez exercés, calculez encore combien cela fait de livres pesant, une livre valant 0.489 kilogrammes?

LI.

Auguste, jeune élève d'un collége, reçut souvent de son maître des bonnes notes en récompense de son application. Son père, pour l'encourager, lui donnait une pièce de 10 sous toutes les fois qu'il avait le nombre de 20 bons points. Au bout de l'année, il fit le total de ses bons points, et il trouva qu'il en avait 240.

Combien d'argent en a-t-il retiré?

LII.

1° Un fabricant de drap a fourni à un marchand en détail, 18 pièces de drap, dont la moitié contenant 35 aunes la pièce, l'autre moitié 42, à raison de 17 fr. 35 cent. l'aune ; quelle est la valeur de sa fourniture?

LIII.

Dans une certaine forêt communale, on fit une coupe dont le bois devait être partagé entre les bourgeois de la commune. Cinquante ouvriers furent employés à cet effet. Au lieu de faire payer aux bourgeois la façon du bois, il fut convenu qu'on vendrait les fagots, et que de cet argent on paierait les ouvriers. On en vendit 20,000 à raison de 25 fr. le cent.

1° Quelle somme en retira-t-on?

2° Si chacun de ces cinquante ouvriers travaillait

vingt-cinq jours à cette coupe, combien gagnait-il par jour?

LIV.

Dans cette forêt furent coupés 1,550 arbres; on pouvait compter que l'un portant l'autre donna 2 cordes ¼ de bois. On en vendit 175 cordes pour payer une dette de la commune; 100 autres cordes furent employées à l'usage de la mairie, de la maison de cure, de l'école, du collége, etc.; le reste fut également partagé entre les bourgeois, qui étaient au nombre de 900 dans la commune.

Combien chacun en eut-il?

LV.

Dans la dernière invasion des alliés en France, une certaine commune fut imposée pour fournir à l'ennemi, dans l'espace de vingt-quatre heures, 3,000 pains à 6 sous le pain; 150 hectolitres d'avoine à 9 fr. l'hectolitre; 275 quintaux de foin à 5 fr. le quintal; 40 mesures de vin à 20 fr. la mesure; 5 mesures d'eau-de-vie à 80 fr. la mesure. Mais comme il n'y avait pas assez de tout cela dans la commune, et qu'on ne pouvait se le procurer à cause du peu de temps, on ne fournit en nature que 1,700 pains, 80 hectolitres d'avoine, 150 quintaux de foin et 3 mesures d'eau-de-vie, avec les 40 mesures de vin, en offrant de payer en argent ce qui manquait.

1° Combien la commune paya-t-elle encore en argent?

2° A combien monta toute la contribution?

3° Comme il n'y avait que 180 bourgeois dans la commune, quelle fut la part de chacun?

LVI.

Un marchand de draps, voyageant pour débiter ses marchandises, perdit en route une pièce de 75 aunes, estimée à 26 fr. l'aune. A son arrivée dans la ville la plus proche, il fit aussitôt publier qu'il donnerait à celui qui lui rapporterait son drap, la dixième partie de la valeur de ce même drap.

Jean Houver, journalier, mais honnête homme, trouva cette pièce, et l'annonça de suite au juge de paix, même avant la publication du marchand. Quand celui-ci apprit l'honnête action du journalier, il en fut si touché, qu'au lieu de lui donner la dixième partie, il lui en accorda le tiers.

1° Combien Houver reçut-il d'argent? 2° Combien en eut-il de plus que s'il n'avait eu que la dixième partie?

LVII.

Auguste, jeune homme d'une très-bonne conduite et sans fortune, se donnait toutes les peines possibles pour entretenir sa mère avancée en âge et incapable de rien gagner. Il se rappela toujours les bons principes que cette tendre mère lui avait donnés dans sa jeunesse. Combien de fois lui disait-elle :

Que votre attachement soit une récompense
Des soins que vos parens vous donnent chaque jour.
Qu'ils doivent vos efforts et votre obéissance,
Tant aux lois du devoir qu'à celles de l'amour.

Un homme de qualité, qui connaissait l'état d'Auguste et ses soins pour sa mère, lui procura une place qui lui valut 1825 fr. par an.

Combien avait-il à dépenser par jour avec sa mère?

LVIII.

Frères, le Dieu suprême ensemble vous a mis
Pour qu'un même intérêt ensemble vous unisse :
Que rien ne vous sépare, et pour rester amis,
Ne regrettez jamais le plus grand sacrifice.

Dans l'ancienne Rome il y avait trois frères d'une famille riche et distinguée. Leur père, à sa mort, leur laissa une fortune considérable qu'ils partagèrent entre eux. Quelques années après, il s'éleva une guerre civile. Cette guerre, comme toutes les autres, traîna après elle la ruine d'un grand nombre de citoyens.

Parmi les malheureux furent comptés deux des frères susdits, qui y perdirent toute leur fortune. Le troisième frère apprenant le malheur des deux autres, prit aussitôt la résolution de les secourir. Quoi ! se dit-il, ils seraient malheureux ! eux, mes frères ! moi seul je serais heureux ! Non, j'ajouterai à l'héritage que mon père m'a laissé, les biens que j'ai acquis depuis par la fortune et mon travail ; j'en ferai de nouveau le partage entre nous trois, et ainsi nous serons encore égaux en fortune. Ce généreux frère le fit, et chacun des trois, par ce partage, eut à vivre très à son aise.

La fortune dont le troisième frère avait hérité était de 56 talens. Si jusqu'à l'époque du malheur de ses frères il s'était acquis encore une fois et un quart de fois autant, quelle était la somme destinée au nouveau partage ? et combien chacun en eut-il, le talent compté à 3,000 livres de notre monnaie ?

LIX.

Un roulier conduit de Paris à Strasbourg 75 quintaux de sirop. On lui paie pour la conduite 1,125 fr. Pour faire ce voyage, qui est de cent lieues, il emploie 15 jours.

On veut savoir : 1° combien il gagne par jour ?

2° Combien il a par lieue pour un quintal ?

3° Si, tous les frais comptés, il dépense par jour 55 fr., combien il a de profit net ?

LX.

La célèbre cantatrice Grabriéli, demandant à S. M. Catherine II, impératrice de Russie, 5,000 ducats pour chanter pendant deux mois à sa cour, l'impératrice répondit : Sur ce pied-là je ne paie aucun de mes maréchaux-de-camp. — Si cela est, répliqua Grabriéli, Votre Majesté n'a qu'à faire chanter ses maréchaux.

L'impératrice sourit, et lui fit payer les 5,000 ducats. Si dans ces deux mois, Grabriéli fit entendre 24 fois sa voix enchanteresse, 1° combien gagnait-elle chaque fois (un ducat valant 11 fr.)? 2° Si sa dépense montait à 35 fr. par jour, combien d'argent a-t-elle emporté de la cour (le mois à 30 jours)?

LXI.

La terre que nous habitons tourne toutes les 24 heures sur son axe : c'est ce qui nous produit le jour et la nuit. Nous avons déjà vu qu'elle a 9000 lieues de circuit : on veut donc savoir, 1° de combien de lieues, en une heure, sa surface avance d'Occident en Orient.

2° Si une ville, ou un endroit quelconque, est éloigné de nous vers l'Orient de 750 lieues, combien de temps cet endroit voit-il le soleil avant nous?

3° Une ville qui serait vers l'Occident, éloignée de nous de 375 lieues, combien de temps y découvrirait-on le soleil après nous?

LXII.

Un riche particulier avait fait l'acquisition d'une forêt qu'il paya un million. Elle contenait 150 hectares et 8 décares de superficie. Il la fit abattre. Il en eut, 1° 150,800 cordes de bois ; 2° 200,000 fagots.

Combien chaque hectare, l'un portant l'autre, a-t-il produit, 1° de cordes de bois? 2° de fagots?

LXIII.

Quand le bois eut été vendu, le possesseur, pour voir ce qu'il avait gagné, calcula la somme qu'il en avait retirée. A l'article des 150,800 cordes, il trouva la somme de 2,714,400 fr. A celui des fagots, celle de 40,000 fr. On demande :

1° Combien il a vendu la corde?

2° A combien le cent de fagots?

3° Si tous les frais se montaient à 150,000 fr., combien eut-il de profit net?

LXIV.

Le bois en question fut vendu sur place. Il fallait

donc employer des hommes de confiance, tant pour le surveiller que pour le cordeler. Ces hommes sont communément appelés commis. On en chargea douze, dont le paiement consistait en un fixe qu'ils avaient sur chaque corde. Le bois étant débité, ces commis eurent une somme de 90,480 fr. à partager.

1° Quelle était la part de chacun?

2° Combien avaient-ils par corde?

LXV.

Un riche Anglais a transformé en forêts 15,475 arpens de terre. En admettant qu'il ait employé 2,000 plants par arpent, plus 10 pour cent de cette quantité pour remplacer les plants non pris, combien ce propriétaire a-t-il planté de pieds d'arbres?

LXVI.

Paris est la capitale de la France, et une des plus grandes villes de l'Europe. Les sciences y fleurissent et les arts y sont portés au plus haut degré; c'est pourquoi elle passe avec raison pour le centre de la civilisation et des connaissances humaines. On y compte 700,000 habitans et 24,000 maisons.

Combien d'habitans cela fait-il par maison?

LXVII.

Par une telle multitude d'hommes qui habitent la même ville, on peut juger quelle doit y être l'énorme consommation de vivres, et il est presque inconcevable comment la nature puisse suffisamment pourvoir à ce besoin; car à Paris seul il se consomme par an 77,000 bœufs, 112,000 veaux, 490,000 moutons et 33,000 porcs. On peut compter que chaque bœuf pèse 10 quintaux, un veau 1 quintal, un mouton autant qu'un veau, et un porc 150 livres. Qu'on calcule donc combien de livres de viande chaque personne, l'une dans l'autre, consomme par an.

LXVIII.

Quelle énorme somme produisent en un an les recettes de la France! On a calculé que si quelqu'un avait mis de côté un franc chaque minute, depuis le commencement de l'ère chrétienne, cette somme serait encore (supposons) de 200,000 fr. moindre que celle du budget de la France d'une année.

Calculez donc 1° quelle serait la somme amassée de la manière susdite jusqu'au 1ᵉʳ janvier 1822?

2° Si, en France, il y a six millions d'individus qui paient des contributions, pour quelle somme chacun de ces individus, l'un portant l'autre, contribue-t-il aux recettes de l'état *?

LXIX.

Dans l'antiquité, la navigation était plus dangereuse et plus pénible qu'elle ne l'est de nos jours. On n'osait pas aller en pleine mer, et on ne faisait que côtoyer les rivages. Depuis la découverte de la boussole, on peut entreprendre en sûreté les plus grands voyages sur mer; tandis qu'avant cette découverte, c'était un miracle si quelqu'un faisait de petits voyages sur cet élément, et la route de Jason, avec ses Argonautes, dans la Colchide, passa pour le prodige du monde. Et qu'était-ce que cela en comparaison des trajets que font nos vaisseaux? Ce qu'il y a de plus étonnant, c'est comment une masse aussi énorme que l'est un de nos vaisseaux, par exemple un vaisseau de ligne, puisse nager sur l'eau. Un peu de réflexion fera disparaître ce prodige apparent: c'est l'équilibre qui produit cela; le vaisseau s'enfonce dans l'eau, jusqu'à ce que la partie d'eau qui lui a cédé, lui soit égale en poids. Par conséquent le fleuve qui porte le vaisseau n'en est pas plus chargé que de la masse d'eau qui lui a cédé la place.

Mais pour se faire une idée de la pesanteur de ces

---

* La solution de cet exemple, qui se trouve à la fin, est faite sans égard aux années bisextiles. L'année y est comptée à 365 jours 6 heures.

vaisseaux, qu'on se figure un vaisseau de guerre qui porte souvent 100 pièces de canon ; prenons la pièce seulement à 9 quintaux ; il a souvent à bord 800 hommes d'équipage, comptons l'homme à 100 livres ; il est ordinairement chargé de vivres pour 5 mois, ce qui fait un poids à peu près de 2,160 quintaux. Dans cette somme n'est pas comprise la pesanteur propre au vaisseau, ni la quantité de matériaux dont on a besoin, ce qu'on peut compter faisant un poids égal aux premiers articles.

Qu'on calcule donc 1° la pesanteur totale du vaisseau et de sa charge ?

2° On veut encore savoir combien de livres de nourriture il en revient sur la consommation d'un homme, par jour, le mois compté à 30 jours ?

LXX.

Si nous considérons l'utilité de la navigation, certes nous ne pouvons en rendre assez de grâces au Créateur. Car, quels que nous soyons, nous devons aux pays éloignés de nous une partie de ce qui nous est nécessaire. Sans la navigation, il faudrait nous passer de bien des médecines, que nous ne pourrions tirer par terre de ces pays ; par exemple de l'Amérique, parce qu'il n'y a aucune communication de terre entre cette partie du globe et la nôtre. Et quand même on pourrait se procurer ces objets sur terre, nous les paierions infiniment plus cher : car qu'on calcule ce que coûterait la conduite par terre des charges que nous amène un seul vaisseau. Parmi les vaisseaux qui arrivent sur les grands fleuves, il y en a qui portent jusqu'à 500 charges. Une charge pèse 4,000 livres. Si l'on compte ordinairement 10 quintaux sur un cheval, combien faudrait-il :

1° De voitures à 4 chevaux ?

2° Combien de chevaux en général pour cette conduite ?

3° Combien d'hommes, si l'on compte un homme par voiture ?

LXXI.

Les liens les plus forts sont ceux de l'habitude :
Si l'on attend trop tard, on les attaque en vain.
Croyez, mes chers enfans, que cette servitude
Est plus aisée à vaincre aujourd'hui que demain.

Un homme dont la fortune était assez grande pour qu'il eût pu vivre à son aise, avait contracté la très-mauvaise habitude de mettre à la loterie. Il pratiquait cela depuis dix ans. Toujours agité et inquiet, comme le sont tous les joueurs, il négligeait ses autres affaires, et au bout des dix ans il se vit réduit à ne plus posséder qu'un mauvais lit. Espérant toujours de récupérer sa perte, il le vendit et perdit encore l'argent qu'il en avait retiré. En cet état, il fut obligé de recourir à l'hôpital, et il eut le bonheur d'y être reçu. Là, dans ses momens de loisir, il calcula et trouva qu'il avait perdu, dans ces dix ans, la somme de 18,000 fr. Un affreux désespoir s'empara aussitôt de lui, et il termina la vie misérable où l'avait réduit la passion du jeu.

Si cet homme n'a mis que sur les tirages de Paris, qui se font trois fois par mois, combien y a-t-il mis par an?

2° Combien par mois?

5° Combien chaque tirage?

LXXII.

On est toujours heureux quand on peut être utile.
Des services rendus et de nombreux bienfaits
Rendent la conscience et contente et tranquille,
On jouit en voyant les heureux qu'on a faits.

Dans le temps de la cherté de 1817, il y eut, dans le département du Bas-Rhin, entre autres bienfaiteurs, un certain particulier nommé L..., homme d'une grande fortune, mais digne de la posséder. Il acheta d'abord pour 24,000 fr. de blé, à 60 fr. l'hectolitre ; après l'avoir fait moudre, il en faisait cuire tous les jours 2 hectolitres, dont il eut à distribuer 60 pains, qui pesaient 6 livres chacun. Il y joignit encore tous les samedis la somme de 180 fr.

Si dans le village qu'il habitait se trouvaient quarante-cinq pauvres familles, chacune, l'une portant l'autre, composée de quatre personnes, qu'on calcule,

1° Combien de livres de pain furent distribuées tous les jours par tête?

2° Combien d'argent chaque personne eut par semaine?

3° Pendant combien de temps s'est faite cette distribution, qui cessa quand la quantité du blé fut consommée?

4° A combien montait la somme dépensée par ce noble bienfaiteur de l'humanité?

LXXIII.

On peut admettre qu'un homme qui use beaucoup de tabac à priser, emploie journellement à cela 15 minutes de temps, si l'on compte encore qu'il en prend par jour pour 2 sous 6 deniers. Calculez-moi, mon jeune ami, pour ne pas contracter cette habitude,

1° Combien un tel homme perd de temps, s'il pratique cela pendant 40 ans?

2° Combien il dépense d'argent, l'année comptée à 365 jours?

LXXIV.

Enfans, ne soyez pas toujours en méfiance;
Le méfiant d'abord juge mal du prochain;
L'homme sage, au contraire, attend avec prudence
Que le temps ait rendu son jugement certain.

Écoutez, mon cher, dit la femme d'un marchand de drap à son mari, il nous manque une aune $\frac{3}{4}$ de cette pièce de drap bleu. Je viens de calculer la quantité que nous en avons vendue, et j'ai trouvé ce déficit. J'en soupçonne Nicolas, notre garçon de boutique. — Comment, ma chère, pouvez-vous soupçonner si légèrement ce garçon? Voilà déjà deux ans qu'il est en notre boutique, sans que j'aie la moindre plainte à former contre lui. Êtes-vous sûre de ne pas vous être trompée dans votre calcul? Voyons, rectifions cela. Nous avons vendu de cette pièce à différentes reprises, savoir : 2 aunes $\frac{5}{8}$, $+ 4 \frac{3}{7}$, $+ 5 \frac{5}{6}$, $+ 5 \frac{2}{3}$, $+ 6 \frac{1}{2}$; cela fait en tout combien?

LXXV.

Cette pièce de drap, comme vous savez, contenait 55 aunes. Vous voyez, en la mesurant, qu'il nous en reste encore 31 $\frac{5}{8}$ aunes. Calculez donc si ce que nous avons vendu et ce qui nous reste encore compose le total de 55 aunes ; et si vous trouvez que vous vous étiez trompée d'abord, j'exige que vous fassiez présent à ce pauvre garçon d'une aune de ce même drap, en récompense de sa fidélité.

LXXVI.

Voyez, papa, je ne sors pas de cette fraction, aidez-moi, s'il vous plaît ; notre maître nous a donné la fraction $\frac{6}{8}$ de quintal, et nous devons calculer combien cela fait de livres.

— Cela n'est pas difficile, mon fils ; fais bien attention à l'explication que je vais te faire. Pour réduire une fraction d'espèce supérieure en un nombre d'espèce inférieure, on multiplie le numérateur de cette fraction avec le nombre de parties dont l'espèce supérieure est composée relativement à l'inférieure ; par exemple, dans la fraction $\frac{6}{8}$ de quintal, on multiplie le numérateur 6 avec le nombre des livres qui composent le quintal, qui est 100, et on a un produit de 600 ; ensuite on divise ce produit par le dénominateur de la fraction, et le quotient indique le nombre des parties de l'espèce inférieure contenues dans la fraction ; on divise donc le produit 600 avec le dénominateur 8, et cela fait 75 livres contenues dans la fraction $\frac{6}{8}$ de quintal.

— Je vous remercie bien, mon cher papa, je comprends maintenant.

— Eh bien ! calcule encore, 1° combien $\frac{12}{16}$ de quintal font de livres ?

2° Combien $\frac{9}{12}$ de livres font d'onces ?

LXXVII.

Encore une fois des grammes ! On ne sait plus où donner de la tête avec ce nouveau système. Louis, calcule-moi cela ; je viens de recevoir de l'indigo ;

la facture porte 26^{KG}433 grammes, et le montant en
est de 270 fr.; dis-moi donc combien de livres pesant font les 26^{KG}433, et à combien revient la livre?

Louis se met aussitôt à calculer, suivant l'ordre
de son père, et un instant après il lui présenta son
opération en lui disant : Je trouve que le nombre
des grammes fait 54 livres 7 gros, et que le montant d'une livre est de 5 fr.

Le Père. C'est juste, j'ai toujours payé la livre
sur ce pied-là.

Louis. Donc votre correspondant est généreux,
car il ne vous compte rien pour les 7 gros.

On demande, 1° le compte de Louis est-il juste?

2° Quelle serait la somme des 7 gros, suivant
le montant des 54 livres?

REMARQUE. La livre pesant contient 489 grammes. Pour trouver les gros, il faut, avec le reste de la division qui est
27, suivre la manière indiquée à l'exemple précédent 76.

LXXVIII.

Oh! que ce poison est cher! dit un pharmacien
à son apprenti; on m'envoie $\frac{3}{9}$ de quintal d'émé-
tique, ce qui suffirait pour empoisonner un pays
entier. La facture de cet envoi porte 2,500 fr. Comme
je suis obligé de vendre cette marchandise par grains,
calculez, je vous prie, combien de grains il y a dans
ces $\frac{3}{9}$ de quintal; et si je vends le grain à 1 sous, combien je gagnerai?

LXXIX.

Que les affaires se font négligemment dans cette maison de commerce! voilà près de 15 ans que j'en tire
des marchandises, et jamais ne n'ai eu mon compte
juste. Je ne sais si je le dois attribuer à l'inexacti-
tude des commis, ou à la mauvaise intention du maître.
—Ainsi se plaignait Durand, marchand de fer. Il reçut du fer d'une forge des Pays-Bas; la facture por-
tait 135 quintaux, et quand il l'a pesé il n'en trouva
que 132 $\frac{5}{9}$ quintaux; combien en manquait-il?

LXXX.

Voyons, messieurs, dit un professeur à ses élèves,

là-bas, sur la pierre angulaire du bâtiment qui fut autrefois l'église du couvent, il y a cette inscription : ʜIG LᴀᴘIs ᴀɴɢVLᴀʀIs DIᴇ ɴoɴo Mᴀʜ ᴘosIᴛVs ᴇsᴛ.

Comme vous devez connaître les chiffres romains, je récompenserai ceux qui me diront en quelle année cette pierre a été posée, et combien de temps elle l'est, en comptant jusqu'à 1832.

LXXXI.

Ha! me voilà savant, s'écrie Jules en entrant chez son père, je puis vous dire ce que vous pensez.

Le Père. Cela serait en effet extraordinaire; eh! comment fais-tu donc?

Jules. Pensez un nombre quelconque.

Père. J'en ai pensé un.

Jules. Doublez ce nombre.

Père. Je l'ai doublé.

Jules. Ajoutez-y encore 13.

Père. C'est fait.

Jules. Otez la moitié de toute la somme.

Père. Je l'ai ôtée.

Jules. Retranchez encore le premier nombre que vous avez pensé.

Père. J'y suis.

Jules. Il vous reste encore 6 $\frac{1}{2}$.

Père. C'est juste; voyez donc le petit sorcier. J'avais pensé d'abord 4; en doublant ce nombre j'ai eu 8; en ajoutant 13 cela faisait 21; j'ai retranché la moitié de cette somme, il me restait 10 $\frac{1}{2}$: en ôtant mon premier nombre 4, il me reste juste 6 $\frac{1}{2}$. Ne voudrais-tu pas m'apprendre comment tu fais cela?

Jules. Vous me dites toujours qu'il en coûte pour apprendre quelque chose.

Père. J'entends ce que tu veux dire; eh bien! je t'en récompenserai.

Jules. Vous en trouverez la solution dans le recueil à la fin de ce livre.

FIN DES EXEMPLES.

SOLUTIONS

DES

EXEMPLES PRÉCÉDENS.

IV.

1° 1,070,475,000.
2° 1,762,970.

VI.

116 noix.

VII.

1° 375,990.
2° 186996.45.

IX.

3 francs.

X.

18 œufs.

XII.

19ᴹᴹ1109.

XIV.

66.

XV.

1° 2,000 fr.
2° 1,590 fr.

XVI.

34,910,000.

XVII.

55 ans 4 mois.

XVIII.

1° 56 ans 5 mois 1 jour. 2° 1 an 1 mois 1 jour.

XIX.

1° 1,864.
2° 80.

XX.

1° 2 quint. 85 liv. 3 onc. 2° 33589.55 gram.

XXII.

1° 1 fr. 40 cent. 2° 8 fr. 60 cent.

XXIII.

1° 18 fr. 75 cent.
2° 13,213.

XXIV.

1° 8,745 fr. 36 cent. 2° 9,452,800 cent.

XXV.

1° 16.45. 2° 0.57 cent.

XXVI.

1° 614 fr. 25 cent. 2° 693 fr.

XXVII.

1° 83 fr. 70 cent. 2° 138 fr. 51 cent. 3° 62 fr.
32 cent.

XXVIII.

1° 2,100 fr. 2° 21,000 fr.

XXIX.

1° 126 fr. 2° 1,997 fr. 50 c.

XXX.

52,085,560.

XXXI.

7,171,200.

XXXII.

31,536,000, sans les 6 heures.

XXXIII.

1° 48 fr. 2° 24 fr. 3° 96 fr. 4° 1920 mauvais
points.

XXXIV.

1° 110. 2° Non. 3° 19.

XXXV.

1° 533.1. 2° 239 fr. 895 millièmes.

XXXVI.

3560.105.

XXXVIII.

3,571,400 fr.

XXXIX.

10,350.

XL.

1,890 pieds.

XLI.

1° 20,000 fr. 2° 2,400 fr. 3° 1,500 fr. 4° 100 fr. 5° 800 fr.

XLII.

1° 9,000 lieues. 2° 20,583,000.

XLIII.

4 lieues.

XLIV.

7,869 fr.

XLV.

1° 210 fr. qu'elles gagnent. 2° 75 fr. qui leur restent.

XLVI.

1° 31,250. 2° 15,625 arbres.

XLVII.

1° 18,400 fr. 2° 3,800 fr.

XLVIII.

53,688,091 fr. 15 cent.

XLIX.

52,425 fr. 75 cent.

L.

1° 6,000 pièces de 5 fr. 2° 15.0000. 3° 306 livres + 6 onces 5 gros.

NOTA. Pour trouver ces espèces inférieures à la livre pesant, il faut procéder de la manière indiquée dans l'exemple 75.

LI.

6 fr.

LII.

12023.55.

LIII.

1° 5,000 fr. 2° 4 fr.

LIV.

3.56 cordes.

LV.

1° 1,805 fr. 2° 4,825 fr. 3° 26 fr. 80 cent.

LVI.

1° 650 fr. 2° 455 fr.

LVII.

5 fr.

LVIII.

1° 578,000 fr. 2° 126,000 fr.

LIX.

1° 75 fr. 2° 15 cent. 3° 500 fr.

LX.

1° 2,291 fr. 66 cent. 2° 52,900.

LXI.

1° 375 lieues. 2° 2 heures. 3° 1 heure.

LXII.

1° 10 cordes. 2° 15 fagots.

LXIII.

1° 18 fr. la corde. 2° 20 fr. 3° 2,604,400.

LXIV.

1° 7,540 fr. 2° 6 décimes ou 12 sous.

LXV.

34,040,600.

LXVI.

29 hommes.

LXVII.

203 livres.

LXVIII.

1° 957,773,160 fr. 2° 159 fr. 62869 centmillièmes.

LXIX.

1° 7720 quintaux. 2° 5 livres.

LXX.

1° 300 voitures. 2° 1200 chevaux. 3° 300 hommes.

LXXI.

1° 1800. 2° 150. 3° 50.

LXXII.

1° 2 livres. 2° 1 fr. 3° 200 jours. 4° 29040.

LXXIII.

1° 152 jours 2 heures. 2° 1,825 fr.

LXXIV.

$23 \frac{9}{24} = \frac{3}{8}$.

LXXV.

C'est juste.

LXXVI,

1° 75 livres. 2° 12 onces.

LXXVII.

1° Il est juste. 2° 27 cent.

LXXVIII.

1° 307264 grains. 2° 12,863 fr.

LXXIX.

2 quintaux $\frac{4}{9}$.

LXXX.

Ajoutez les grandes lettres dans l'ordre de leur valeur, et vous aurez MDCLLVVIIIIIII, ou MDCCXVII.

1° 1717. 2° 115 ans.

LXXXI.

Le dernier nombre qui reste est toujours la moitié de ce qu'on vous donne à ajouter.

FIN.

www.ingramcontent.com/pod-product-compliance
Lightning Source LLC
LaVergne TN
LVHW020529060726
842525LV00004B/1124